U0012978

翻轉學

翻轉學

もっとラクに！もっと速く！Excel×Python データ処理自由自在

圖解

從入門到精通
Excel×Python
資料處理術

搭配工作實務場景，輕鬆學會除錯、擷取、
排序、彙整指定數據，製作QR碼也沒問題

金宏和實—著　鄭棣中—審定　許郁文—譯

目錄

第 1 章　使用 Python 的優點

第 **2** 章　**程式設計的入門基礎**

目 錄

載入檔案時，使用的 raw 字串

替每個收件人新增內文

迴圈處理的開頭是條件判斷

將客戶與負責人的名稱串在一起再轉存

重複轉存內文的 for 迴圈

分頁與儲存

目錄

第 **6** 章　**製作 QR 碼，方便快速瀏覽資訊**

前言
學會 Python，操作 Excel 更得心應手

為什麼選擇 Python，而不是 VBA ？

　　本書會為大家介紹利用 Python 程式來編輯 Excel 的資料，也就是編輯 Excel 活頁簿或工作表儲存格中的數值或字串，還會介紹如何將這些資料轉存至其他工作表，以及篩選、統計這些資料的方法。

　　利用 Python 操作 Excel 的工作表，可以將資料與處理步驟分離，更靈活地操作 Excel 中的資料，如此一來就能避免一些常見或致命的失誤，例如不會為了分析資料，不小心刪除或覆寫原始的資料。

　　Python 是現在非常受歡迎，用途也非常多元的程式語言，但或許仍有人會懷疑「為什麼一定要用 Python 操作 Excel 資料？」如果是熟悉 Excel 的人，一定知道 Excel 內建了 VBA（Visual Basic for Applications）這個專屬 Excel 的程式語言。

　　安裝 Excel 之後，從「檔案」索引標籤點選選項，再從「自訂功能區」勾選「主要索引標籤」的「開發人員」（見圖 0-1），就能使用 VBA 這個程式語言設計程式，相當便利。

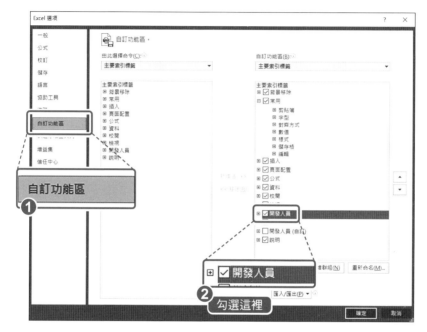

圖 0-1　在自訂功能區勾選「開發人員」選項

　　要撰寫利用 Python 操作 Excel 資料的程式，必須先下載與安裝 Python，還得安裝作為輔助的函式庫，才能利用 Python 操作 Excel 中的資料。此外，還須安裝專門編寫 Python 程式的工具，才能更順利地撰寫程式。

　　本書使用的是 Microsoft 免費提供的 Visual Studio Code。使用這套工具雖然能輕鬆撰寫程式，但如果使用 Excel 內建的 VBA，只需要按一下滑鼠左鍵就能立刻開始設計程式，而使用 Python 反而要先做一些準備與建構需要的環境。

　　既然如此麻煩，為什麼還要用 Python 呢？為了說明理由，必須先講解 VBA 與 Python 的差異。

Python 適用於各種作業系統

VBA 是一種非常「老舊」的語言。VBA 早在 1990 年代後半就內建於 Excel 和 Access，雖然一直以來歷經了不少改良，但核心仍然是老舊的語言。

再者，VBA 只能在 Microsoft Office 中執行。雖然 Mac 版的 Microsoft Office 也可以使用 VBA，但與 Windows 版的 VBA 還是有作業系統上的差異，所以有不少指令沒辦法直接在 Mac 上執行，而且也沒辦法在與 Microsoft Office 相容的 Office 軟體執行，換言之，就算不同的作業系統可以使用相同的資料，但處理這份資料的 VBA 程式並不相容。

相較於 VBA 只能在少數的平台執行，相容性較高的 Python 則可在各種作業系統或硬體環境下執行。

例如，Python 除了能在 Windows 執行，也可以在 MacOS、Ubuntu 這類 Linux 系列的作業系統執行，更棒的是，Python 除了可在一般電腦執行，也可以在網路伺服器執行，甚至在廣為人知的雲端伺服器執行。

此外，Python 還有不會占用太多資源[*]這個優點，所以哪怕是構造簡單的平價單板電腦（Single Board Computer）[†]也能執行 Python 的程式，也有許多人因此開發能在電腦之外的裝置執行的程式。

本書的目標在於讓大家能隨手寫出操作 Excel 資料的程式，也希望各位能透過本書學會利用 Python 設計程式的技巧，進一步廣泛

---

[*] 這裡說的資源是指記憶體或硬碟的容量。

[†] 將計算機的各部分組裝在一塊電路板上。Raspberry Pi 是最具代表性的單板電腦。

地使用 Python 這個程式設計語言。

Python 程式語言的三項特徵

接下來進一步介紹 Python 這個程式設計語言的特徵。Python 主要具有下列三項特徵。

特徵 1：語言規格單純

Python 的規格非常單純，第一次學習程式語言的人或許不太明白這是什麼意思，但之後一定會感受到這項優點。

最能展現這項優點的就是 Python 的保留字。圖 0-2 列出了 Python 語法中的保留字：

```
Python 3.8.3 Shell                                    —    □    ×
File  Edit  Shell  Debug  Options  Window  Help
Python 3.8.3 (tags/v3.8.3:6f8c832, May 13 2020, 22:20:19) [MSC v.1925
32 bit (Intel)] on win32
Type "help", "copyright", "credits" or "license()" for more informatio
n.
>>> import keyword
>>> keyword.kwlist
['False', 'None', 'True', 'and', 'as', 'assert', 'async', 'await', 'br
eak', 'class', 'continue', 'def', 'del', 'elif', 'else', 'except', 'fi
nally', 'for', 'from', 'global', 'if', 'import', 'in', 'is', 'lambda',
'nonlocal', 'not', 'or', 'pass', 'raise', 'return', 'try', 'while', 'w
ith', 'yield']
>>>
                                                        Ln: 5  Col: 168
```

圖 0-2　**Python** 語法中的保留字

請注意圖 0-2 第 6 行：

```
>>> keyword.kwlist
```

以及從第 7 行開始的：

```
['False', 'None', 'True', ⋯⋯
```

其中的 False、None、True 都是 Python 的保留字。

所謂保留字就是在撰寫程式時，具有特殊意義的詞彙。Python 3.8.3 的保留字有 35 個，相較於其他的程式設計語言，Python 的保留字可說少之又少。開始學習程式設計時，通常得先了解這些保留字，而當保留字太多，就需要花時間記，也等於必須多花一些時間才能開始設計程式。

由此可知，**Python 的保留字較少，語言規格也相對單純，當然也就是容易入門的程式設計語言。**

特徵 2：採縮排語法，好讀好寫

Python 的程式碼是公認的好讀好寫，因為 Python 採用的是「縮排文法」。所謂的「縮排」就是讓字內縮，換言之，套用縮排的該行程式碼，行首會往右側移動。

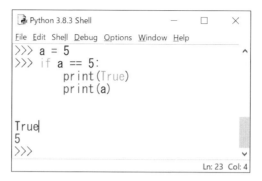

圖 0-3　**if 條件句的程式碼範例**

　　圖 0-3 的程式碼會進行「如果 a 的值為 5」，「顯示 True 再顯示 a 的值」。

　　第 1 行的 a=5 是宣告 a 這個名稱的變數，再指定 5 這個數值給 a 意思。下一行的 if 是保留字。**連續兩個「==」則是詢問變數 a 的值是否等於 5，也就是「如果 a 等於 5」。**

　　下列兩行程式碼就是套用縮排的列。開頭為 if 的 a==5 為真的時候（成立的時候），會執行 print(True) 與 print(a) 這兩個行為，也就是「顯示 Ture 再顯示 a 值」。寫好「如果……」的程式碼之後，只需要在後續的「就做……」套用縮排。

　　若是 Python 以外的程式設計語言，就必須如下以 {}（大括號）括住要在 a==5 為真的時候執行的部分。程式碼 0-1 是以 Java 的格式撰寫前述 Python 程式的範例。

```
if a == 5 {
   print(True)
   print(a)
}
```

程式碼 0-1　改以 Java 格式撰寫

在這種情況下，第 2 與第 3 行的 print() 縮排只是程式碼的撰寫習慣，為了方便他人閱讀這段程式碼，與執行程式沒關係。第 1 行 if 條件句的 a==5 為真時，只會執行由 {} 括住的部分。換言之，就文法而言，由 {} 括住的部分才重要，縮排只是為了讓程式碼的編排更好看。

提到撰寫習慣，多數人會以為是所謂的「規則」，但目前沒有統一的規則，每位程式設計師都有自己撰寫程式碼的習慣，所以每個程式的縮排方式也有所不同。

不過，縮排在 Python 就是文法，完全不需要加入 {}，這意味著當 if 條件句的 a==5 為真，就會執行縮排的程式碼。如此一來，Python 的文法與編排方式將趨於一致，程式碼自然也比較容易閱讀與撰寫。

特徵 3：函式庫豐富，用途廣泛

Python 的保留字比較少，規格也比較單純，但用途卻比較多的理由在於函式庫非常豐富。

函式庫是為了特定目的設計的程式，而且可被其他程式使用。Python 擁有進行各種指令的函式庫，而這些函式庫又分成標準函式庫與外部函式庫。標準函式庫包含產生亂數的 random、物件導向檔案系統的 pathlib、操作 sqlite3 資料庫的 sqlite3 或其他函式庫。

外部函式庫則包含用於分析資料的 Pandas、可在伺服器執行網路應用程式的 Django 框架、抓取網頁的 Beautiful Soup、集結機器學習基本功能的 TensorFlow，以及其他函式庫。

撰寫程式時，可視情況從這些函式庫載入需要的函式。能以相同的方式使用標準函式庫與外部函式庫這點也非常方便。標準函式庫與外部函式庫的差異在於，標準函式庫會在安裝 Python 時一併安裝，但外部函式庫必須另行安裝。

本書的主題在於操作 Excel 資料，所以會使用 OpenPyXL 這個外部函式庫。外部函式庫的安裝步驟與具體使用方法，將在實際使用 OpenPyXL 時介紹。

本書的編排及登場人物

本書的各章前後都有短篇文章或對話。這樣編排主要是為了讓讀者了解撰寫程式的動機與目的，希望上班族能從中發現「我們公司好像也有類似的情況」，讓你更有學習程式設計的動力。

故事背景是大型服飾批發商椎間服飾公司。這間虛擬公司不僅是服飾批發商，更推出自有品牌，也有為數不多的直營店。

登場人物如下：

千田岳

隸屬總務課，已入職 6 年。

暱稱千岳，外表看起來有點軟弱，但對工作卻有堅強信念，也熱愛學習。從以前就每晚參加 Python 的讀書會，所以已經學會一些相關技巧，因曾利用 Python 改善公司效率，被社長晉升為「自動化推動室」室長。

千田麻美

業務部業務 2 課業務助理。

很照顧人，與千田岳同姓，而且還同時進入公司，連新人教育訓練時都同一組。她是從社群網站知道千田岳參加了程式設計讀書會。

富井牧郎

業務 2 課課長，已入職 16 年。

體育背景出身的他進入公司後，歷盡千辛萬苦總算學會 Excel 的函數與巨集（VBA）。如今是個工作幹練、很有自信的人。

坪根小百合

隸屬經營管理室，與富井同時進入公司。

經營管理室是非常接近社長與專務董事的部門，所以年輕員工都很怕她。

刈田秋雄

品質管理室室長。

品質管理室是為了打破垂直管理弊端而設立的部門，
可讓各部或各課的員工分享資訊、一起解決問題。刈
田秋雄是剛成為室長的年輕員工，所以也備受期待，
但一上任就立刻接到顧客投訴。

松川典夫

業務 1 課課長。

業務 1 課是目前銷售業績最好的部門，松川典夫正是
該課領導人，工作能力極高、廣受員工愛戴，是非常
靈活的主管。由於富井與他同是業務部的課長，所以
也將他視為競爭對手。

椎間純一郎

專務。

員工都在私底下叫他「少爺」、「社長的敗家子」、
「小純」，不太看得起他。雖然想要開創一些新事務，
但似乎缺乏經驗，也不夠腳踏實地。

椎間賢一

社長。

從上一代繼承服飾批發商椎間衣料後，讓公司茁壯為
中堅企業的椎間服飾。

中川女史
椎間服飾顧問。
總是穿著讓人眼睛為之一亮的天藍色服飾，是千田麻
美非常崇拜的女性。

　　這些有趣的短篇故事應該能讓你更有學習動機，也更能了解寫
程式是怎麼一回事，但如果是想快速了解以 Python 操作 Excel 資料
的方法，明確知道學習目標的讀者，或許會覺得這些短篇故事很多
餘，這時不妨跳過，反正也不會妨礙理解後續內容。
　　接下來，就來學習利用 Python 讓執行 Excel 變得更有效率的具
體方法。

下載範例檔

大家可以從下列網頁，下載本書介紹的程式碼和程式檔[*]。

https://reurl.cc/3YzQyL

---

* 本書介紹的程式與操作都是 2020 年 10 月底撰寫的，所有程式都已於 Python 3.8.5 進行驗證過。

本書發行後，作業系統、Excel 與 Microsoft Office、Python、相關的函式庫都有可能會升級，此時程式有可能無法依照書中的方式執行，或是畫面可能會不一樣，請見諒。

如果因為本書介紹的操作而直接或間接造成損害，請恕出版社與作者不負任何責任，還請讀者自行判斷是否進行本書介紹的操作。

程式碼的撰寫方式

本書的程式碼編排方式有特殊的小設計。

Python 的縮排與程式碼的執行息息相關（見第 2 章），所以為了說明縮排的層級，本書會在程式碼之中加入縮排符號。

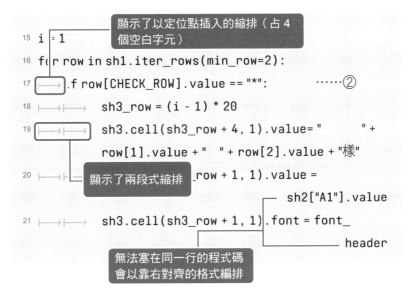

圖 0-4　在程式碼中加入縮排符號

撰寫程式時，請在縮排符號的位置設置定位點（占 4 個空白字元）。有些開發工具會自動套用縮排，省掉輸入空白字元的麻煩。

此外，程式碼太長，無法塞在同一行時，本書會以靠右對齊的方式編排第 2 行以後的程式碼，不過讀者只需要將這類程式碼寫成 1 行即可。至於是否需要換行，只需要確認左側的行數即可。

第 **1** 章

使用 Python 的優點

場景是公司的某個部門，好像正在討論什麼。

麻美：命運的對決總算要開始了。業務 2 課的富井課長與自動
化推動室千岳室長的合併列印對決，這場白熱化戰鬥真
令人期待！

千岳：麻美，妳別鬧了啦！話說回來，富井課長將客戶的資料
整理成清單格式，但好像為了合併列印正在製作一些資
料耶！

富井：千田岳，好久不見啊！小百合要我列印 50 週年慶祝會的
邀請函。

千岳：小百合？是經營管理室的坪根小姐啊！昨天她也來我這
請我幫忙，所以今天一早，我就開始思考，該怎麼根據
Excel 客戶名單，利用 Python 製作 50 週年慶祝會邀請函。

富井：小百合居然腳踏兩條船！

麻美：富井課長每次都把話說得很像是性騷擾耶！

富井：千田岳，合併列印就是先利用 Excel 製作資料庫，再
利用 Word 的合併列印功能參照欄位就好了吧！利用
Python 程式製作有什麼好處？

千岳：的確是這樣，因為 Word 與 Excel 都是微軟的軟體。我也
　　　在想利用 Python 執行合併列印有什麼好處。

富井：千田岳，自動化推動室要是什麼都想利用程式完成，恐
　　　怕會白忙一場，本末倒置喔！

千岳：看來我得做出富井課長也認同的程式才行。

　　這樣看來，主張「Excel 什麼都能做」的富井課長與主張「使
用 Python 才合理」的千田岳，準備在合併列印這項主題一較高下。
一起來看看使用 Python 會有什麼改變。
　　就算是沒寫過程式的人，應該也有用過 Excel 與 Word 的合併列
印功能吧？第一步就先了解 Excel ＋ Word 的合併列印功能吧！

01 用 Excel 與 Word 合併列印

一開始先利用 Excel 與 Word 執行合併列印。這次要使用的是 Excel 的資料庫功能與 Word 的合併列印功能，這部分不需撰寫程式就能完成。

在 Excel 建立收件人的資料庫

第一步先在 Excel 建立收件人資料庫（見圖 1-1）。

圖 1-1　50 週年慶祝會邀請函 .xlsx

　　先新增一個「50 週年慶祝會邀請函」的 Excel 活頁簿，接著替第一張工作表命名「收件人」，再以清單格式輸入收件人資料。本書的讀者應該都很熟悉 Excel，所以接下來的說明或許有些畫蛇添足，但只要雙點工作表的名稱，就能輸入工作表名稱。

　　大家不需要把 Excel 的資料庫想得太複雜，只要在第 1 列輸入項目名稱，再於第 2 列輸入資料，就是所謂的資料庫了。

利用 Word 製作邀請函

　　接著在 Word 製作邀請函（見圖 1-2）。

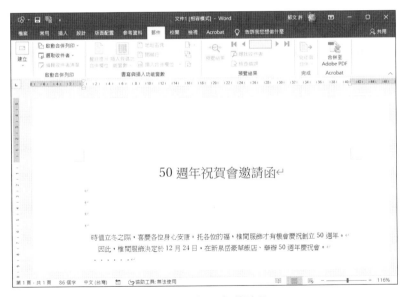

圖 1-2　50 週年慶祝會邀請函 .docx

　　Word 檔案的內容如同一般邀請函，唯獨要先空出輸入收件人姓名的位置。這次的邀請函會在「50 週年慶祝會邀請函」的標題與內文之間輸入來自 Excel「收件人」工作表的客戶名稱與負責人名稱，所以要先以換行的方式留下足夠的空白。

在 Word 設定合併列印選項

　　接著設定合併列印的選項。點選「郵件」索引標籤，再點選「選取收件者」，從開啟的選單中點選「使用現有清單」，再選擇 Excel 檔案（見圖 1-3）。

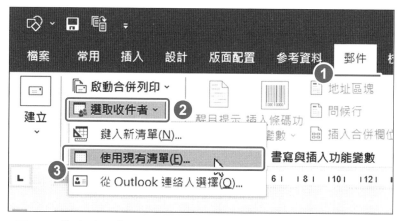

圖 1-3　依序點選「郵件」→「選取收件者」→「使用現有清單」

　　接著，插入要合併列印的欄位，以及預覽結果。

　　從「郵件」索引標籤點選「選取收件者」，再點選「使用現有清單」，然後點選「50 週年慶祝會邀請函 .xlsx」（見圖 1-4）。

圖 1-4 點選 **50 週年慶祝會邀請函 .xlsx**

「選取表格」對話框開啟後，點選「收件人 $」（見圖 1-5）。

這項操作可指定任何一張工作表的資料表。請勾選下方「資料的第一列包含欄標題」選項後，點選「確定」。

圖 1-5 在「選取表格」對話框點選「收件人 $」

完成前述的步驟之後，Word 文件與 Excel 的資料表就建立相關性了。

接著點選「郵件」索引標籤的「插入合併欄位」，此時就會開啟對話框，列出所有能插入的欄位（見圖 1-6）。

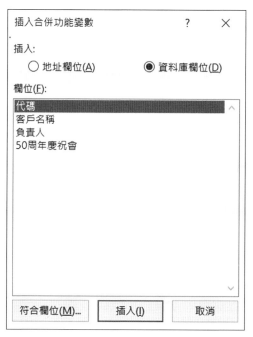

圖 1-6　從「郵件」索引標籤，點選「插入合併欄位」，開啟對話框

在此要先插入客戶名稱欄位，但在選取欄位之前，最好先將 Word 文件裡的滑鼠游標移動到理想位置比較好。移動到適當位置後，請從欄位清單點選「客戶名稱」，再點選「插入」（見圖 1-7）。

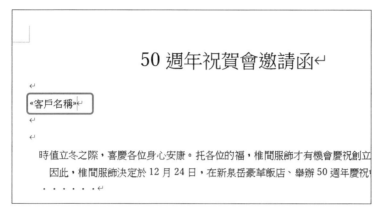

圖 1-7　插入「客戶名稱」欄位

　　此時合併欄位會以 << 客戶名稱 >> 的格式顯示。接著依照相同方法插入「負責人」欄位（見圖 1-8）。

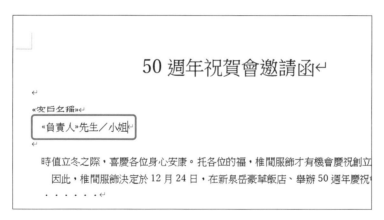

圖 1-8　插入「負責人」欄位

　　插入「負責人」欄位後，在這個欄位開頭輸入空白字元，讓欄位稍微往右偏移。此外，也在「負責人」欄位後面輸入「先生／小姐」，以及將「客戶名稱」欄位的字級調得比「負責人」欄位還大。透過前述步驟插入合併欄位後，這些欄位就能以編輯內文的方式移動或變更字型。

內文格式調整完畢後，點選「郵件」索引標籤的「預覽結果」，確認「收件人」工作表的資料是否真的匯入（見圖1-9）。

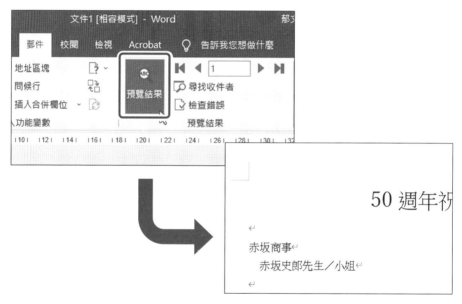

圖 1-9　點選「預覽結果」

點選之後，欄位名稱就會轉變成實際文字。點選預覽選單的右三角按鈕就能切換記錄（在資料庫的術語之中，表格的列稱為記錄）。點選左三角按鈕可回溯之前的記錄。

接著，點選「郵件」索引標籤的「完成與合併」，再從開啟的選單點選「列印文件」（見圖1-10）。

圖 1-10　從「完成與合併」點選「列印文件」

　　此時，會開啟「合併到印表機」對話框。可以在這個對話框選擇要列印的記錄。由於我們現在沒有要立刻列印，所以請點選取消（見圖 1-11）。

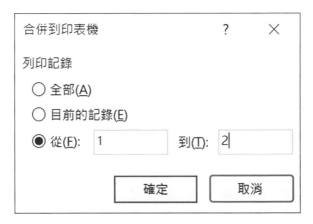

圖 1-11　開啟「合併到印表機」對話框

　　請先儲存與關閉這個 Word 文件。接著再打開這個文件，應該
會顯示「若開啟這個文件，將會執行下列 SQL 命令」（見圖 1-12）。

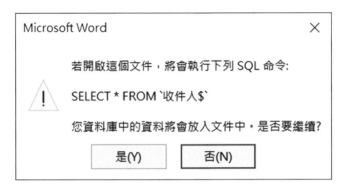

圖 1-12　顯示「若開啟這個文件，將會執行下列 **SQL** 命令」訊息

　　SQL 是操作資料庫的程式語言。

　　「SELECT * FROM‘收件人 $’」是 SQL 取得資料的指令。這
個指令指定載入「收件人 $」資料表，接著再以 *（星號）下達取得
所有欄位的指令。

　　在這個對話框點選「是」，就能將 Excel 的資料合併列印至
Word 文件。

　　簡單來說，Excel 與 Word 的合併列印，就是從 Word 使用 SQL
資料庫程式語言的 SELECT 句，從 Excel 的工作表取得資料。

02 利用 Python，匯入 Excel、執行合併列印

接著，利用 Python 的程式與 Excel 的工作表，進行相同的處理。這個階段還不會說明 Python 的文法，所以看不懂程式碼也是理所當然，你只需要體驗一下僅用短短幾行程式，就能完成這類處理的過程即可。有興趣的話，可以等到第 2 章說明文法之後，再回頭看這段程式碼 1-1。

```python
1   import openpyxl
2   from openpyxl.styles import Font
3   from openpyxl.worksheet.pagebreak import Break
4
5   wb = openpyxl.load_workbook(r"..\data\50週年慶祝會邀請函.
                                                    xlsx")
6   sh1 = wb["收件人"]
7   sh2 = wb["內文"]
8   del wb["列印專用"]    #Python的del句
9   sh3 = wb.create_sheet("列印專用")
10
11  #建立字型
12  ont_header = Font(name="微軟正黑體",size=18,bold=True)
```

```
13
14   i = 1
15   for row in sh1.iter_rows(min_row=2):
16   ┝━━→ sh3_row = (i - 1) * 20
17   ┝━━→ sh3.cell(sh3_row + 4, 1).value= "        " +
                 row[1].value + "  " + row[2].value + "先生／小姐"
18   ┝━━→ sh3.cell(sh3_row + 1, 1).value = sh2["A1"].value
19   ┝━━→ sh3.cell(sh3_row + 1, 1).font = font_header
20   ┝━━→ sh3.merge_cells(start_row=sh3_row + 1,start_column=
                 1,end_row=sh3_row + 1,end_column=9)
21   ┝━━→ sh3.cell(sh3_row + 1, 1).alignment = openpyxl.styles.
                                 Alignment(horizontal="center")
22   ┝━━→ j = 7
23   ┝━━→ for sh2_row in sh2.iter_rows(min_row=2):
24   ┝━━┝━━→ sh3.cell(sh3_row + j, 2).value = sh2_row[0].value
25   ┝━━┝━━→ j += 1
26
27   ┝━━→ page_break = Break(sh3_row + 20) #建立頁面分頁列印物件
28   ┝━━→ sh3.row_breaks.append(page_break)
29   ┝━━→ i += 1
30
31   wb.save(r"..\data\50週年慶祝會邀請函.xlsx")
```

程式碼 **1-1**　執行合併列印的 **merge_print.py**

現在，你只需要稍微了解流程，以及知道 Python 對 Excel 的資料進行了哪些處理即可，暫且不用管前述每段程式碼有什麼功能。

第 1 行至第 3 行是以 Python 的程式碼操作 Excel 檔案的事前準備。具體來說就是載入外部函式庫，這部分會於第 2 章進一步說明。此外，要使用外部函式庫必須先完成安裝，所以本章的後半段會為大家說明安裝步驟。

可讓 Python 操作 Excel 檔案的外部函式庫稱為 OpenPyXL，本書的所有程式都會使用這個函式庫，所以請務必記住這個函式庫的名稱。

程式碼第 5 行至第 9 行是開啟 Excel 檔案，再載入工作表這種資料的處理，同時還進行了刪除多餘工作表與新增工作表，以便寫入新資料。簡單來說，就是操作檔案與工作表的處理。

在此有必要為大家說明一下第 5 行的「..\」的部分。「\」是「反斜線」。

聽過「絕對路徑」與「相對路徑」嗎？要說明這次要操作的「50週年慶祝會邀請函」的位置有兩種方法。

所謂的路徑就是在階層型檔案系統（見圖 1-13）中，幫助我們順藤摸瓜，找到檔案，這個概念不僅可在 Python 的程式應用，連在製作網頁時，都會利用這個概念指定 html 檔案與 css 檔案的位置。

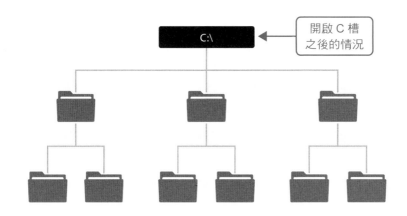

圖 1-13　階層式檔案系統的資料夾結構

以 Windows 為例，「絕對路徑」的寫法如下：

```
c:\python\sample\01\data\50週年慶祝會邀請函.xlsx
```

開頭會是磁碟機名稱，後續則像是地址般，寫出完整的路徑。

反觀「相對路徑」則是以目前的目錄為起點，標記檔案的位置。所謂目前的目錄就是現在的位置，在 Windows 稱為作業資料夾，而「.\」的部分就是目前的目錄。程式碼的「..\」代表目前目錄的上一層，也就是 data 目錄，而「50 週年慶祝會邀請函 .xlsx」就位於 data 目錄之中（見圖 1-14）。

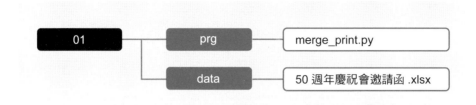

圖 1-14　範例檔的資料夾結構

　　本書的範例檔與資料的資料夾結構都是前述的格式。

　　若要執行本章的 merge_print.py，就必須先將目前目錄切換至 prg。具體的切換方法將於後續說明。

　　在程式碼 1-1 第 6 行至第 9 行的部分，會進一步說明設計這種資料格式的用意。

　　這次操作的 Excel 檔案「50 週年慶祝會邀請函 .xlsx」有「收件人」、「內文」這兩個工作表（見圖 1-15）。

　　前述的程式在第 6 行載入了「收件人」工作表，並在第 7 行載入了「內文」工作表。

　　此外，前述的程式會依照「收件人」工作表的客戶人數複製「內文」工作表的內容，所以才需要另外增加「列印專用」工作表。之後，便是利用「內文」工作表與「列印專用」工作表執行 Word 的合併列印功能。

	A	B	C	D	E
1	代碼	客戶名稱	負責人		收件人
2	00001	赤坂商事	赤坂史郎		
3	00002	大型控股公司	大手真希		
4	00003	北松屋連鎖店	北松次郎		
5	00004	OSAKA BASE	大阪NARUMI		
6	00005	Light Off	右羽安子		
7	00006	Big Mac House	大幕家		
8	00007	TANAKA	田中三郎		
9	00008	Your Mate	友達貴男		
10	00009	KIMURACHAN	木村CHAN		
11	00010	哈雷路亞	好天氣		
12	00011	SideBar控股公司	片手丸儲		
13					

A1　　　　　ƒx　50週年祝賀會邀請函　　內文

	A
1	50週年祝賀會邀請函
2	時值立冬之際，喜慶各位身心安康。
3	托各位的福，椎間服飾才有機會慶祝創立50週年。
4	因此，椎間服飾決定於12月24日，在新泉岳豪華飯店、
5	舉辦50週年慶祝會。
6	‧‧‧‧‧
7	‧‧‧‧‧
8	‧‧‧‧‧
9	還請各位賞光參加。
10	
11	

圖 1-15　程式操作的工作表（上為收件人、下為內文）

　　要注意，一執行這個程式就會新增列印專用工作表，所以為了後續能再次使用已新增列印專用工作表的活頁簿，才進行刪除與重新新增「列印專用」工作表的處理（見程式碼 1-1 第 8 行、第 9 行）。

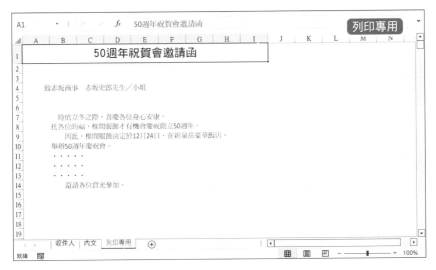

圖 1-16 「列印專用」工作表

　　「列印專用」工作表會如圖 1-16，依照要寄送邀請函的客戶人數，製作數組包含內文、客戶、負責人的邀請函。

　　程式碼第 14 行至 25 行是這個程式的核心處理。

　　一開始先從「收件人」工作表一筆筆載入客戶資訊，接著在「列印專用」工作表騰出貼入內文的空間。

　　接下來，附上負責人的「先生／小姐」的尊稱，完成收件人的部分，再從「內文」工作表取得邀請函內容，然後計算這些內容分別位於「列印專用」工作表的哪個儲存格，再將內容寫入該儲存格。標題的部分也放大了字級與套用粗體字樣式。

　　完成一張邀請函後，再於邀請函的結尾處插入分頁處理（見圖 1-17）。這就是列印邀請函的設計。

圖 1-17　自動在每封邀請函插入分頁

　　不管是設定格式、操作儲存格與工作表，都可利用 Python 打造
成自動化處理。

　　完成一張邀請函之後，接著就會從「收件人」工作表載入下一
筆客戶資料，再重複前面的步驟。將所有客戶資料製作成邀請函之
後，儲存 Excel 檔案並結束程式。這就是 merge_print.py 大致的流程。

　　接下來要介紹執行 Python 程式的環境。希望你能在自己的電腦
建立這類環境，並試著執行本書介紹的程式，但要注意，若已經先

開啟了 Excel 檔案「50 週年慶祝會邀請函 .xlsx」，有可能會出現下列的錯誤*而無法順利執行程式。

```
PermissionError: [Errno 13] Permission denied: '..\\
data\\50週年慶祝會邀請函.xlsx'
```

替程式碼創造附加價值

完成前述的步驟後，的確能寫好執行 Word、Excel 合併列印功能的 Python 程式，但還是不知道為什麼非得將這類處理寫成 Python，不過寫成程式的好處在於，不僅可以使用內建的合併列印功能，還能依照想要的功能自行修改程式碼，例如增加選取客戶的功能。

像是在 D 欄輸入「50 週年慶祝會」這個項目名稱，接著只替標註了「*」的客戶製作邀請函，這樣就不需要在製作新的邀請函時，重新製作寄送名單。收件人清單不必改變，只需要選取要寄送的對象，再輸入「*」即可（見圖 1-18）。

---

* 這種錯誤稱為 PermissionError，通常會在錯誤訊息的開頭顯示。

	A	B	C	D	E
1	代碼	客戶名稱	負責人	50週年慶祝會	
2	00001	赤坂商事	赤坂史郎	*	
3	00002	大型控股公司	大手真希	*	
4	00003	北松屋連鎖店	北松次郎		
5	00004	OSAKA BASE	大阪NARUMI		
6	00005	Light Off	右羽安子	*	
7	00006	Big Mac House	大幕家		
8	00007	TANAKA	田中三郎		
9	00008	Your Mate	友達貴男	*	
10	00009	KIMURACHAN	木村CHAN		
11	00010	哈雷路亞	好天氣		
12	00011	SideBar控股公司	片手丸儲		

圖 1-18　新增選取客戶所需的欄位

接著，將程式碼改成下列內容：

```
1   import openpyxl
2   from openpyxl.styles import Font
3   from openpyxl.worksheet.pagebreak import Break
4
5   CHECK_ROW = 3   #定義常數……①
6   wb = openpyxl.load_workbook(r"..\data\50週年慶祝會邀請函.
                                                            xlsx")
7   sh1 = wb["收件人"]
8   sh2 = wb["內文"]
9   del wb["列印專用"]   #Python的del句
10  sh3 = wb.create_sheet("列印專用")
11
12  #建立字型
```

```
13   font_header = Font(name="微軟正黑體",size=18,bold=True)

14

15   i = 1

16   for row in sh1.iter_rows(min_row=2):

17         if row[CHECK_ROW].value == "*":        ……②

18             sh3_row = (i - 1) * 20

19             sh3.cell(sh3_row + 4, 1).value = "     " + row[1].
                        value + " " + row[2].value + "先生／小姐"

20             sh3.cell(sh3_row + 1, 1).value = sh2["A1"].value

21             sh3.cell(sh3_row + 1, 1).font = font_header

22             sh3.merge_cells(start_row=sh3_row + 1,start_
                        column=1,end_row=sh3_row + 1,end_column=9)

23             sh3.cell(sh3_row + 1, 1).alignment = openpyxl.
                        styles.Alignment(horizontal="center")

24             j = 7

25             for sh2_row in sh2.iter_rows(min_row=2):

26                 sh3.cell(sh3_row + j, 2).value = sh2_row[0].
                                                          value

27                 j += 1

28

29             page_break = Break(sh3_row + 20)  #建立頁面分頁列印
                                                          物件

30             sh3.row_breaks.append(page_break)

31             i += 1

32

33   wb.save(r"..\data\50週年慶祝會邀請函.xlsx")
```

程式碼 1-2　支援選取客戶功能的 **merge_print2.py**

　　勾選要寄送的對象，就能製作對應的邀請函，聽起來好像是件大工程，但其實只追加了程式碼 1-2 中的第 5 行（①）與第 17 行（②）這兩處程式碼。正確來說，第 18 行至第 31 行的程式碼也有修改，但也只是微幅修改，為了因應②的程式碼而縮排。

　　這樣選取客戶的功能就完成了。之所以能這麼快就改好，我想是因為 Python 能以簡單的程式完成想要的功能，更重要的是，這個執行合併列印功能的程式居然只有三十多行。我認為利用 Python 與 OpenPyXL 函式庫處理 Excel 資料，就能體會以簡單的程式快速完成工作的優點。

　　一開始就看一堆程式碼，你或許會覺得有點難消化，不過接下來將說明其中細節。先透過本章的內容大致了解 Python 程式如何操作 Excel 資料。

· ·

富井：我知道 Python 可以執行合併列印功能，但這麼做的好處是什麼？這豈不是給自己找麻煩嗎？

千岳：剛剛不是只替標註星號的客戶製作邀請函嗎？之後只要打開 Excel 檔案，就會知道寄給客戶的是哪張邀請函。

富井：啊？就這樣？

千岳：富井課長，之前常為了掌握邀請函的寄送狀況而備份檔案，但之後再也不需要這麼做了！

富井：原來如此，如果是這樣的話，千田岳，Good Job ！

千岳：富井課長你幹麼突然講英文啦！

富井：你說什麼？千田岳，少調侃我喲！

麻美：這本《【圖解】從入門到精通 Excel × Python 資料處理術》
　　　與前作《【圖解】零基礎入門 Excel × Python 高效工作術》
　　　感覺很像。

千岳：這次的目的是希望讀者能自行想像解決問題的程式，再
　　　動手撰寫程式，所以內容很豐富！

麻美：意思是我也能學會怎麼寫程式囉？要不要先安裝 Python ？
　　　還有其他東西要安裝嗎？

　　看來麻美也有心想要學寫程式。接下來要說明該如何利用
Python 打造撰寫程式所需的環境。

　　本書是以職場常見的 Windows 10 為前提，依序說明建立
Python 程式設計環境的步驟。大致上分成安裝 Python、安裝程式開
發工具（又稱為開發環境）這兩個階段。這次選用的開發環境為近
年來程式設計師間快速普及的 Visual Studio Code。

　　第一步先為大家介紹安裝 Python 的步驟。

03 │ 安裝 Python

　　安裝 Python 的第一步就是先下載 Windows 環境所需的安裝程式。請先瀏覽 https://www.python.org。打開頁面後，將滑鼠移到 Downloads 的位置，開啟下拉式選單，再依照電腦的作業系統從中下載對應的 Python（見圖 1-19）。

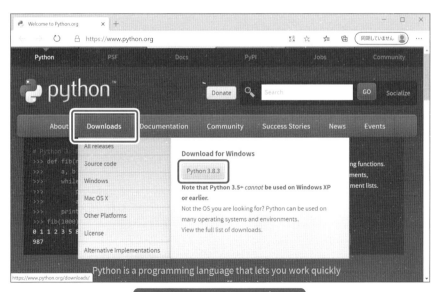

https://www.python.org/

圖 1-19　在 www.python.org 的首頁，將滑鼠移動到 Downloads

　　在本書執筆之際，Python 的最新版為 3.8.3，大家可自行下載最新的版本。Python 還有 2.7 這種 2 字頭的版本，但通常只提供長期使用舊版的使用者使用，目前已經不太更新，所以建議你務必下載 3 字頭的最新版本。

　　點選下載按鈕後，就會開始下載安裝程式。雙點下載完畢的程式就會開始安裝[*]。

　　安裝的重點在於調整或確認某些設定。啟動安裝程式後，會先顯示圖 1-20 的畫面。

圖 1-20　在安裝啟始畫面變更設定

---

[*] 若依照這個步驟下載安裝程式，有可能會下載 32 位元版的 Python。本書介紹的程式以及函式庫可在 32 位元版的 Python 順利執行，不需要特別換成 64 位元版本，不過有些函式庫只能在 64 位元版的 Python 使用。

在安裝過程中，會顯示「你是否要允許此 App 變更你的裝置？」畫面（使用者帳戶控制），請點選「是」繼續安裝。

請在第一個畫面勾選「Add Python 3.8 to PATH」選項（見圖 1-20），如此一來，就不需要移動到安裝 Python 的資料夾也能啟動 Python，換言之，只要程式位於這台電腦就能隨時執行。

接著，為了更方便執行程式，請點選圖 1-20 這個畫面的「Customize installation」，接著會切換到「Optional Features」畫面（見圖 1-21）。

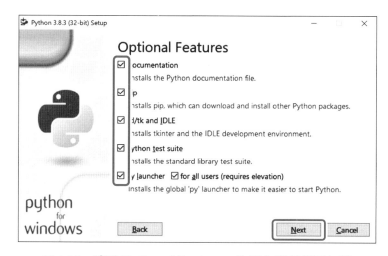

圖 1-21　確認 Optional Features 的所有選項都已勾選

確認圖 1-21 這個畫面是否如預設，勾選了所有選項。不需要變更任何勾選，只需要點選「Next」按鈕。接著會開啟「Advanced Options」畫面（見圖 1-22）。

確認圖 1-22 的三個選項「Assoicate files...」「Create shortcuts...」「Add Python...」都已經勾選後，在「Customize install location」欄位輸入新的安裝位置（目錄）。預設的目錄階層太多，日後會很難確認安裝的程式及函式庫檔案，所以建議設定成結構較簡單的目錄。

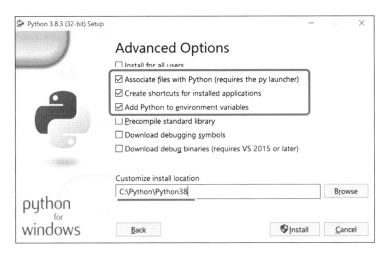

圖 1-22　將安裝位置設定為較單純的目錄

　　這次設定的是「C:\Python\Python38」這種階層較少的目錄。重點在於縮短目錄的字串（路徑）。輸入新的路徑之後，點選「Install」按鈕繼續安裝。接下來的步驟會大量複製檔案，所以需要耗費一點時間。等到顯示「Steup was successful」就代表安裝完成了（見圖1-23）。

　　此時，會在圖 1-23 下方看到「Disable path length limit」訊息。點選之後，可以解除作業系統限制的路徑長度（MAX_PATH）。這次已經先縮短了安裝目錄，所以不需要調整這個設定。點選「Close」即可結束安裝。

圖 1-23　安裝完成

確認 PATH 的設定

我們在開始安裝時勾選了「Add Python 3.8 to PATH」這個選項，所以要先確認設定的結果。請按下「開始」，從「Windows 系統」啟動「控制台」（見圖 1-24）。

圖 1-24　開啟「控制台」

接著，在「控制台」點選「系統及安全性」（見圖 1-25）。

圖 1-25　點選「系統及安全性」

在下一個畫面點選「系統」（見圖 1-26）。

圖 1-26　點選「系統」

接著，從「系統」找到「進階系統設定」連結（見圖 1-27）。

圖 1-27　點選「進階系統設定」

　　「系統內容」對話框開啟之後，請點選「環境變數」按鈕（見圖 1-28）。

圖 1-28　點選「環境變數」

　　應該可以在「使用者變數」的 Path 看到安裝 Python 的目錄以及底下的 Script 目錄（見圖 1-29）。

圖 1-29　確認「使用者變數」的 PATH

　　如此一來，就能從任何的目錄呼叫 Python 了。之所以會新增 Script 子目錄，是因為其中儲存了安裝外部函式庫所需的 pip 命令，以及其他重要的命令。稍後就會立刻用到 pip 命令，也會替大家說明細節。

　　完成這些步驟後，啟動 Python，試著操作。

操作 Python

　　此時「開始」選單已新增 Python 3.8[*]（見圖 1-30），點選 IDLE[†]，試著啟動 Python。

---

[*] 版本編號的 3.8 會隨著安裝的時間點改變。

[†] 「IDLE」是（Python's）Integrated Development and Learing Environment 的縮寫，指 Python 的綜合開發及學習環境。

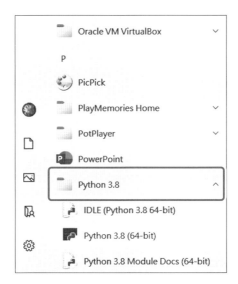

圖 1-30　開啟「開始」選單後，會出現新增的 **Python** 資料夾

　　啟動的畫面會顯示「Python 3.8.2 Shell」（見圖 1-31）。這是對話型的 Python 執行環境。其中有很多英文，但最後一行應該會是：

```
>>>
```

　　這個部分稱為命令提示字元，只要看到這個就能輸入指令，大家可以聯想成 Python 準備接受指令的狀態，這時候也能撰寫或執行 Python 的程式。

　　請在命令提示字元後面，輸入下列程式：

```
print("Hello,Python")
```

接著，按下 Enter 鍵，應該就會顯示「Hello,Python」，命令提示字元也會再次於畫面顯示（見圖 1-31）。

圖 1-31　於 IDLE 輸入指令與確認執行結果

如此一來，就確認可以撰寫與執行 Python 的指令。在此說明剛剛輸入的指令。在以標準輸出（通常就是指在螢幕輸出）Python 語言的字串或數值的 print 函式輸入了「Hello,Python」，作為參數的內容，此時只要按下 Enter 鍵，就會執行該指令，進而在螢幕顯示剛剛指定的字串。

到此，Python 的開發環境就安裝完成了。雖然已經可以撰寫程式，但就實務而言，通常會使用程式碼編輯器或綜合開發環境[*]這類開發工具撰寫程式，因為這種模式比較有效率，所以我們接下來也要先安裝開發工具。

---

[*] 有時會稱為 IDE（Integrated Development Environment）。

04 | 安裝 Visual Studio Code

　　本書介紹的開發工具為 Visual Studio Code（以下簡稱 VS Code）。VS Code 是由 Microsoft 提供的程式開發工具，而且是免費的，安裝這套工具可讓撰寫程式碼變得更輕鬆。雖然 VS Code 這套開發工具的歷史不久，但不管是初學者還是老手，都能很快熟悉這套工具。

　　要安裝 VS Code 必須先在官方網站（https://code.visualstudio.com）下載安裝程式。

　　於 Windows 電腦開啟官方網站之後，會顯示「Download for Windows」按鈕（見圖 1-32）。點選這個按鈕即可下載安裝程式的執行檔。這個網站會自動辨識使用者的電腦環境，所以使用者的電腦環境若是 MacOS，就會顯示「Download for Mac」按鈕。

　　按鈕第 2 行的「Stable Build」為「穩定版」的意思。有些軟體會發布 alpha（測試版）或 beta 版（試用版）、Release Candidate（最終版的候選版本），搶先介紹新功能或請使用者測試與評估，根據使用者的意見改良後，再推出 Stable Build 版本。

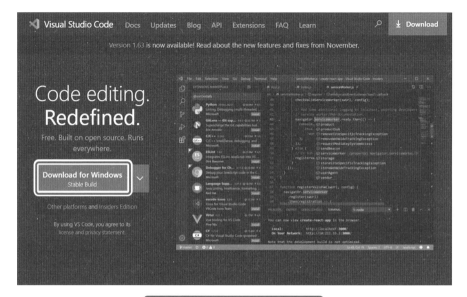

https://code.visualstudio.com/

圖 1-32　從 **Visual Studio Code** 的官方網站下載 **Windows** 版安裝程式

　　雙點下載的檔案後，就會開始安裝 VS Code。請依畫面指示安裝，但幾乎不需要變更任何設定，就算是在指定安裝位置的畫面，也只需要點選「下一步」，套用預設的目錄即可。

　　請確認「選擇附加的工作」對話框裡的「加入 PATH 中」的選項已經勾選（見圖 1-33）。

　　一般而言，這個選項應該是預設選取的。確定選取了這個選項後，點選「下一步」繼續安裝，直到安裝完畢。

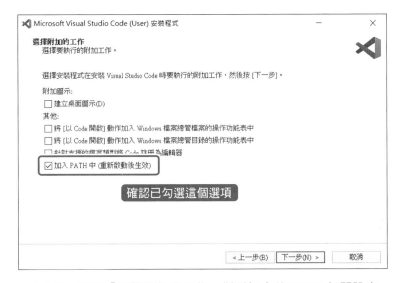

圖 1-33　確認「選擇附加的工作」對話框中的 **PATH** 相關設定

　　顯示「安裝完成」的畫面後，在勾選「啟動 Visual Studio Code」選項的狀態下點選「完成」（見圖 1-34）。

圖 1-34　顯示這個畫面代表安裝完畢

安裝開發程式所需的擴充功能

想更便捷地使用 VS Code，除了完成前述的安裝過程，還需要一些額外的準備。要利用 Python 寫程式還需要安裝一些擴充功能（Extension）。

這次要安裝的，是讓 VS Code 顯示中文的擴充功能（Chinese [Traditional] Language Pack for Visual Studio Code）與 Python 程式碼輸入輔助功能（Python Extension for Visual Studio Code）。安裝 Python Extension for Visual Studio Code 之後，就能在 VS Code 使用自動套用縮排格式功能，自動完成程式碼功能（IntelliSense），以及更嚴格的文法檢查功能（lint 功能）。

以後你寫了一大堆的程式，一定會發現這些擴充功能有多麼重要，所以就先安裝吧！

VS Code 啟動後，先試著中文化環境。請點選圖 1-35 畫面左側選單之中，由上而下第 5 個的 Extensions 圖示。

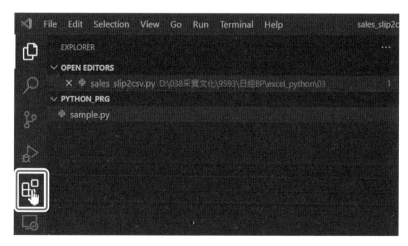

圖 1-35　啟動 Visual Studio Code 後，點選 Extensions 圖示

　　此時搜尋擴充功能的方塊，會顯示「Search Extensions in Marketplace」字樣，請輸入「Chinese」再搜尋，結果會顯示一堆與「Chinese」有關的擴充功能，確認是 Microsoft 推出的「Chinese（Traditional）Language Pack for Visual Studio Code」之後，再點選「安裝」（見圖 1-36）。

圖 1-36　搜尋 chinese，再點選 Chinese（Traditional…）的「install」

　　不過，這時還無法切換成中文環境，必須重新啟動 VS Code 才行。請點選「Restart Now」按鈕（見圖 1-37）。

圖 1-37　點選畫面右下角的「Restart Now」按鈕

此時，VS Code 會重新啟動，也會切換成中文環境（見圖 1-38）。

圖 1-38　重新啟動後，將切換成中文環境

不過，這個功能有時會莫名地切換成英文。若遇到這個問題，可按下 Ctrl ＋ Shift ＋ P，開啟指令面板，點選 Configure Display Language 命令（見圖 1-39）。

圖 1-39　從 **Configure Display Language** 設定語言

接著，從選單點選「zh-tw」。

如果指令面板的命令太多，一時找不到 Configure Display Language，請在搜尋方塊輸入「config」，以便篩選命令。

接著要安裝 Python Extension for Visual Studio Code。基本上步驟是一樣的，請先回到擴充功能的畫面，再搜尋「Python」（見圖 1-40）。

選擇開發者為 Microsoft 的 Python Extension for Visual Studio Code，再點選「安裝」。

圖 1-40　點選 Python Extension for Visual Studio Code
（位於最上方的搜尋結果）再安裝

　　完成前述的安裝後，試用 lint 功能。請從「檔案」選單點選「喜好設定」→「設定」。

圖 1-41　開啟「設定」後的畫面

這時，會如同圖 1-41 顯示大量的內容，所以可以在設定的搜尋方塊輸入「pylint」，確認 python>linting.Enabled 與 python>linting.PylintEnabled 已勾選（見圖 1-42）。

圖 1-42　**python>linting.PylintEnabled 選項已勾選**

Lint 這個靜態程式碼剖析功能除了可以幫忙確認語法是否有誤，還能確認一些有可能會是錯誤的文法，在執行程式前，幫忙找出程式碼的錯誤。

一定要先開啟「資料夾」

接著，一邊確認 VS Code 的操作，一邊學習 VS Code 的使用方法。視窗左側有排成一列的 5 個圖示。請先點選最上方的「檔案總管」，此時右側區塊會出現「開啟資料夾」按鈕（見圖 1-43）。這是撰寫程式的第一步。

圖 1-43　點選「開啟資料夾」

點選後，會開啟選擇資料夾的對話框，這時該選擇哪個資料夾？就常理而言，通常會先建立要開發 Python 程式存放的資料夾，以便後續開發作業，之後再開啟 VS Code 也會直接開啟該資料夾。

若要執行本書的範例程式，請開啟各章的 prg 資料夾[*]。本書的資料夾分別存在「01」至「06」這 6 章的資料夾中。每個資料夾都

---

[*] 取得範例檔的方法請參考第 20 頁的說明。

有「data」資料夾與「prg」資料夾。「data」資料夾儲存了要以程式處理的 Excel 檔案，prg 則儲存了該章介紹的程式。

不管是哪一章的程式，都是先開啟該章的資料夾，再開啟 prg 資料撰寫程式或開啟範例程式。

在 VS Code 開啟本章的 prg 資料夾，就會顯示 merge_print.py 與 merge_print2.py 這一程式（見圖 1-44）。點選該檔案就能以 VS Code 開發程式碼。

圖 1-44　開啟第 1 章的 prg 資料夾及顯示程式碼後的畫面

之所以要先「開啟資料夾」是為了告訴 VS Code 目前的資料夾位置。開啟 prg 資料夾，資料夾就會成為目前資料夾，也就能透過相對路徑正確存取 data 資料夾的 Excel 活頁簿。

若要在這個資料夾新增程式，可點選資料夾名稱「prg」右側的新增檔案圖示（見圖 1-45）。

圖 1-45　點選新增檔案的圖示

　　如此一來，就會顯示輸入檔案名稱的方塊。假設這次輸入的是 new_prg.py。輸入檔案名稱時，請務必連同副檔名的「.py」一併輸入（見圖 1-46）。

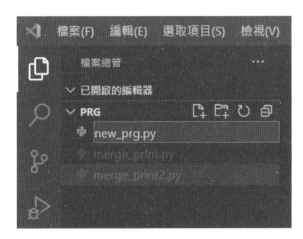

圖 1-46　連同副檔名「.py」一併輸入

　　接著，輸入程式並執行。第一步先從視窗右側的編輯上方確認已開啟了 new_prg.py。此時應該可以在編輯器為空白的狀態下輸入第一行程式。

請在此時輸入這段程式：

```
print("中文")
```

你應該有發現在「print」之後輸入「(」或是輸入「"」，會自動輸入另一側的括號。這就是程式碼輸入輔助功能，可避免我們忘記輸入另一邊的括號（見圖 1-47）。

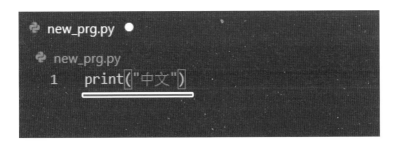

圖 1-47　輸入 print(" 中文 ")

輸入完成後，從「檔案」選單點選「儲存」，儲存 new_prg.py。

接著，要試著執行 new_prg.py。從「執行」選單點選「執行但不進行偵錯」，就能在 VS Code 執行程式，執行結果會於編輯器下方的終端機顯示，此時應該會看到「中文」才對（見圖 1-48），這樣也確定能正常操作 VS Code 了。

圖 1-48　終端機輸出了「中文」

如此一來，Python 的安裝就完成了，開發工具的 VS Code 也安裝完畢了，而且也都已經確認可以正常使用。不過要操作本書的 Excel 資料，還需要完成一些事前準備。

安裝 OpenPyXL 函式庫

要執行本書的程式碼與程式，都必須安裝 OpenPyXL 這個外部函式庫。接下來介紹安裝外部函式庫的方法，完成最後的事前準備。

與一般的應用程式不同的是，大部分的外部函式庫都必須透過終端機安裝。請先開啟編輯下方的「終端機」索引標籤，此時最後一行應該會是目前的資料夾，而後面應該會顯示：

```
>
```

　　這個符號就是終端機的命令提示字元。可在這個符號後面輸入指令。

　　若要安裝外部函式庫的 OpenPyXL，可以輸入：

```
pip install openpyxl
```

　　再按下 Enter 鍵安裝。

　　安裝時，會顯示許多訊息，但是不需要一一了解。只要顯示「Successfully installed」就代表安裝成功（見圖 1-49）。

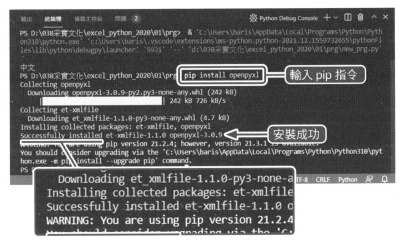

圖 1-49　在終端機執行 **pip install openpyxl** 指令

pip 指令的升級

　　安裝 OpenPyXL 後會顯示「Successfully installed」。此時下方有可能會顯示 WARNING 的黃色警告訊息，代表 pip 指令需要升級。雖然這不是什麼緊急事件，不過有時間的話就升級吧！此時只需要依照訊息的指示在終端機輸入：

```
python -m pip install --upgrade pip
```

　　再按下 Enter 鍵執行即可。要注意選項的「m」前面只有 1 個連字號，但是「upgrade」前面的是 2 個連字號，若不依此輸入就會顯示錯誤訊息。

05 執行 Python 程式

　　如此一來，總算能執行本章的範例程式了。接著，執行 Python 程式，這次設定的背景是會將寫好的程式檔交給別人利用，若是用自己撰寫的程式碼，步驟當然也是一樣。

　　若不須撰寫程式或新增程式，就不用在電腦安裝 VS Code。

　　不過還是得安裝 Python 與 OpenPyXL。

　　雖然之前是透過 VS Code 的終端機安裝 OpenPyXL，但這個函式庫還是可以在 Windows PowerShell 或命令提示字元這類工具，以相同的方式安裝。接著，介紹在沒有安裝 VS Code 的環境下安裝外部函式庫的方法。

　　在此以 Windows PowerShell 的環境說明。請從「開始」選單依照順序點選 Windows PowerShell → Windows PowerShell，啟動 Windows PowerShell。

　　顯示 Windows PowerShell 的命令提示字元「>」之後，輸入：

```
pip install openpyxl
```

　　再按下 Enter 鍵，之後就能仿照 VS Code 的終端機安裝外部函式庫（見圖 1-50）。

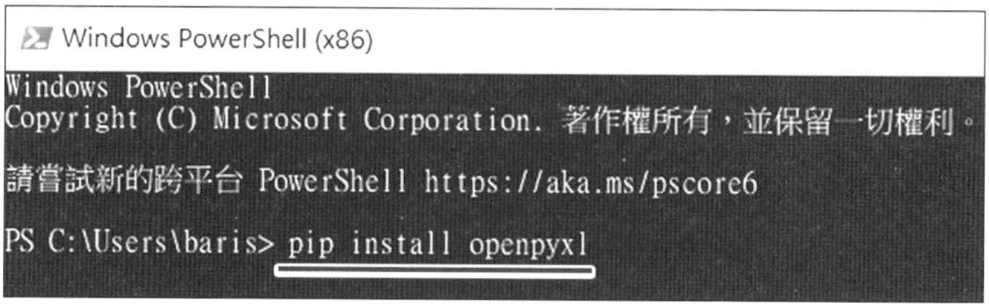

圖 1-50　在 **Windows PowerShell** 執行 **pip install openpyxl**

　　如果只是要執行程式，資料夾的結構必須與開發程式時相同，換言之，prg 與 data 資料夾必須位於同一層的資料夾中。

　　以本章的範例檔為例，prg 與 data 資料夾就位於 01 資料夾中，而程式主體的 merge_pring2.py 應該是放在 prg 資料夾裡面，data 資料夾則儲存了「50 週年慶祝會邀請函 .xlsx」才對。

　　接著，要在這個結構下，將目前資料夾設定為 prg 資料夾。此時可使用之前 Windows PowerShell 的命令，但應該有不少人不太會輸入指令，所以請先以檔案總管開啟 01 資料夾中的 prg 資料夾（見圖 1-51）。

　　prg 資料夾至少會有 merge_print.py 與 merge_print2.py 這兩個檔案才對。

　　接著，從檔案總管的「檔案」索引標籤點選「開啟 Windows PowerShell」（見圖 1-52）。

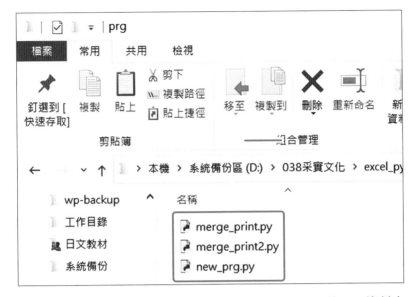

圖 1-51　儲存了 **merge_print.py** 與 **merge_print2.py** 的 **prg** 資料夾

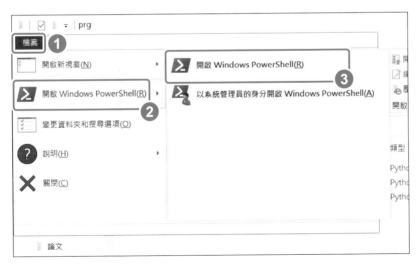

圖 1-52　從檔案總管開啟 Windows PowerShell

Windows PowerShell 啟動後，應該會發現命令提示字元左側的 01\prg 已經是目前資料夾。接著，可在這個命令提示字元之後輸入：

```
python merge_print2.py
```

也就是在 python 之後輸入 1 個空白字元，再輸入「檔案名稱」.py、按下 Enter 鍵（見圖 1-53）。

圖 1-53　以 python merge_print2.py 指令執行 merge_print2.py

如此一來，就能執行 merge_print2.py。

如果依照本章的步驟安裝 Python，也會連帶安裝 py launcher，所以輸入：

```
py 檔案名稱.py
```

也一樣能執行程式（見圖 1-54）。

圖 1-54　以 py merge_print.py 指令執行 merge_print.py

第 2 章

程式設計的入門基礎

讓我們一窺椎間服飾自動化推動室的辦公室吧！員工麻美正一臉凝重地讀著書。

麻美：千岳室長，我今天從一早就一直讀《超簡單 Python 入門》這本書，然後一直試著在 VS Code 輸入程式碼，但在上班時間做這些事沒關係嗎？

千岳：麻美，如果你在家學 Python，然後在公司寫程式的話，什麼時候可以休息呢？

麻美：但我覺得在公司讀書，會讓我薪水領得不太好意思。

千岳：只要之後能成功應用在工作上就好了！

麻美：這樣壓力很大耶！

千岳：不用給自己太大壓力，持續學就好。

現在來介紹主角千田岳，他之前利用 Python 程式改善了公司內部處理 Excel 資料的效率，以 RPA（機器人流程自動化）的方式，將公司的業務流程最佳化而備受好評，也在社長的一聲令下，擔任「自動化推動室」這個新部門的室長。

話說回來，千田岳雖然擔任了室長，但部屬只有一人，而且還是與他同時進入公司，關係有如孽緣的千田麻美，看來千田岳還得繼續奮鬥下去。

　　接下來，就和麻美一起學習 Python 的基礎吧！再來會解說一些基礎知識，幫助你了解本書的程式，並讓你能寫出一樣的程式。話說回來，這些基礎知識包含了程式設計的基本思維與利用 Python 撰寫程式時的注意事項，都是利用本書學習自行撰寫程式所需的知識，請趁此機會進一步了解這些知識。

06 | 變數與資料類型

　　在程式設計語言中，最基本的概念之一就是「變數」。所謂的變數，就是為了管理程式執行過程中使用的記憶體，在設計程式時，會使用不同變數來命名要記住的值。

　　第 1 章的範例程式已使用了許多變數。例如，請看程式碼 1-1 merge_print.py 第 14 行的程式：

```
14   i = 1
```

　　這就是用來儲存目前操作的是第幾筆客戶資料的變數。左邊的「i」就是變數。「i=1」代表將「1」存入「i」，所以第 14 行程式碼的意思就是「在使用變數 i 的時候，請先將 i 設定為 1」。

　　這裡的「i」是其中一種變數，用來儲存整數。能舉一反三的人應該會立刻想到「所以也有不是整數的值囉？」這部分會於後續的「資料類型」進一步說明。

　　除了「i」，這個 merge_print.py 也使用了其他的變數。例如 5 ～ 9 行的程式碼：

```
5    wb = openpyxl.load_workbook(r"..\data\50週年慶祝會邀請
                                            函.xlsx")
6    sh1 = wb["收件人"]
7    sh2 = wb["內文"]
         （省略）
9    sh3 = wb.create_sheet("列印專用")
```

前述每一行程式碼的左邊都是變數。第 5 行的程式碼將這個程式要使用的 Excel 活頁簿（檔案）代入了變數 wb，如此一來，自第 6 行之後，只要輸入 wb 就等於輸入了「儲存在程式碼資料夾中，data 資料夾中的 50 週年慶祝會邀請函.xlsx」這麼一大串的內容。

第 6、7、9 行的變數 sh1、sh2、sh3 則分別指定了要操作的工作表，而這些工作表則來自於 wb 指定的活頁簿。比方說，第 6 行的程式碼就是其中一例：

```
6    sh1 = wb["收件人"]
```

這行程式碼的意思是「將 wb 的 Excel 活頁簿中的『收件人』工作表代入變數 sh1」，也就是「之後只要輸入 sh1，就是輸入 wb 的活頁簿中的『收件人』工作表」的意思。

這種變數除了可以儲存整數，也能儲存檔案與工作表，還能儲存各式各樣的資料，但我們還是需要先了解最基本的資料類型。

代表資料種類的資料類型

在寫程式的時候，必須注意值的資料類型，也就是資料的種類。一開始請先記住數值類型、布林類型與字串類型這三種基本的資料類型。

Python 的基本資料類型（見表 2-1）比其他的程式設計語言簡單許多，種類也比較少，所以不會讓人不知道該使用哪一種。沒有小數點的數值就是整數類型，也可說成 int 類型。習慣之後，通常會說成「int」，而不是說成「整數」，因為要在程式之中使用整數時，都會直接寫成「int」。有小數點的數值就是浮點數，又稱為 float 類型。

有些程式設計語言的資料類型就很多種，例如 Java 光是整數類型就可依照數值的大小（位數）分成 5 種，所以程式設計師必須根據數值的大小使用。

布林類型可用來呈現 True（真）或 False（假）這兩種值。或許你會覺得只能記錄 True 與 False 這兩種值的布林類型很難用，但這種資料類型是用來控制程式的重要工具，之後說明的 if 條件式會利用布林類型的變數進行「當條件為真就執行○○」的判斷。

字串類型是用來呈現 1 個或 1 個以上的字串的資料類型。C 語言會將只有 1 個字元的資料，以及有很多個字元的資料，視為不同的資料類型，但 Python 則視為相同的資料類型。

資料類型		特徵
數值類型	整數（int）	用於呈現沒有小數點的數值。加上負號為負數，不加則為正數 例：-120、-3、0、3、1600
	浮點數（float）	具有小數點數值的數值類型 例：12.234、-123.456
布林類型（bool）		用於呈現 True（真）與 False（假）這兩種值
字串類型（str）		用於呈現 1 個字元或 1 個字元以上的字串 通常會以單引號或雙引號括起來 例：'Hello'、"See you"、'你好'、"再見"

表 2-1　基本的資料類型有 4 種

以上就是 Python 的基本資料類型。有些程式設計語言規定使用變數時，必須先決定資料類型，而這種程式設計語言稱為「靜態型別語言」，例如 Java 或 C 語言就是其中一種。以靜態型別語言撰寫程式時，必須先宣告變數才能使用變數，而在使用變數之前，還得先宣告資料類型。

反觀屬於動態型別語言的 Python 則會在執行程式的時候，才決定變數的資料類型。

例如，前文的例子裡：

```
i = 1
```

變數 i 的資料類型會在將 1 指定給 i 時，自動設定為整數類型（int類型）。順帶一提，這行程式碼中的「＝」稱為「指定運算子」。

在 VS Code 輸入程式驗證看看。請先啟動 VS Code，再於終端機輸入 python 與按下 Enter 鍵。此時應該會看到 Python 的命令提示字元：

```
>>>
```

這代表 Python 對話型程式執行環境啟動了。此時可輸入程式碼，以及按下 Enter 鍵執行程式（見圖 2-1）。

```
輸出   終端機   偵錯主控台   問題 4                          python + 

Windows PowerShell
Copyright (C) Microsoft Corporation. 著作權所有，並保留一切權利。

請嘗試新的跨平台 PowerShell https://aka.ms/pscore6

PS D:\038采實文化\excel_python_2020\01> python
Python 3.8.2 (tags/v3.8.2:7b3ab59, Feb 25 2020, 23:03:10) [MSC v.1916 64 bit (AMD64)] on win32
Type "help", "copyright", "credits" or "license" for more information.
>>>
```

圖 2-1　於 **VS Code** 的終端機輸入 **python**，再按下 **Enter** 鍵

圖 2-2 是先將 1 代入 i，再將 i 作為參數傳遞給能取得資料類型的 type 函式，然後再執行程式的結果。

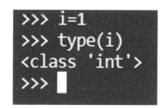

```
>>> i=1
>>> type(i)
<class 'int'>
>>>
```

圖 2-2　利用 **type** 函式取得變數的資料類型

　　此時，應該會顯示下列的內容：

```
class 'int'
```

　　這代表 i 的資料類型在這個時候為整數類型。

　　接著將 3.14 代入 i。假設再以 type 函式取得資料類型，就會發現變數 i 的資料類型為 float 類型（見圖 2-3）。由此可知，變數的資料類型會隨著代入的值而改變，而這就是動態型別的意思。

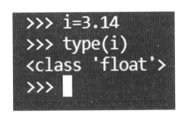

圖 2-3　將 3.14 代入 i 後，就轉換成 float 類型

　　同理可證，將 Hello 這個字串代入變數 i，i 就會轉換成字串類型。我習慣以雙引號括住字串，但其實也可以改用單引號。你應該已經看到 i 顯示為字串類型了。若代入真假值（bool）的 True，就會轉換成布林類型（見圖 2-4）。真假值的 True 或 False 不需要使用雙引號或單引號括起來。

```
>>> i = "Hello"
>>> type(i)
<class 'str'>
>>> i = True
>>> type(i)
<class 'bool'>
>>>
```

圖 2-4　字串與布林值

變數的命名方式

　　要使用變數就要先替變數命名。理論上，變數可以任意命名，但也不是毫無規範。在命名時，必須顧及 Python 的命名規則。

- **變數須使用大小寫的英文字母、數字或底線（＿）來命名**
  除了底線，其他的符號或是空白字元都不可用於命名。
- **變數名稱的第一個字不能是數字**
  str1 是合格的變數名稱，但 1str 則不合格。
- **大小寫英文字母被視為不同的字元**
  Python 將 A 與 a 視為不同的變數名稱，所以 Abc 與 abc 當然也不一樣。
- **不可使用保留字**
  於「前言」介紹的 Python 保留字不能用來命名變數，換言之，「True = 5」或「print = "Excel and Python"」的程式碼是錯的。

　　只要知道前述的規則，就能隨心所欲地替變數命名，不過最好還是自己建立一套命名的規則，否則當變數越來越多，就很有可能不小心將變數混為一談，或是建立了內容重複的變數。

　　雖然可以自行建立一套變數的命名規則，但太過自由反而會不知所措，所以建議使用小寫英文字母與簡單易懂的單字命名。

　　例如，計算支出或成本的變數就命名為 cost，儲存價格的變數就命名為 price，如果要建立多個性質相近的變數，則可搭配數字命名為 cost1、cost2，如果要另行定義變數則可搭配底線，命名為 price_normal、price_sale，就能一眼看出變數的意思。

　　以上就是有關變數的說明。變數的值有可能在執行程式的過程中改變，而另外有一種是定義之後，就不會再變的值，這種值就稱為「常數」。

　　有些程式設計語言會區分變數與常數，但 Python 沒有定義常數的語法。不過，**假設某個變數值從程式開始執行到結束都不會改變的話，就能將該變數視為常數**。建議將這類常數定義成與一般的變數完全不同的名稱，以免不小心修改常數的值。

　　建議利用大寫英文字母命名常數，以便與變數有所區分。例如，可將價格的最高值宣告為 PRICE_MAX=100000。前文之所以建議大家以小寫的英文字母命名變數，有部分原因也是為了與常數有所區分。

07 │ 各種運算子

　　前文提過，使用指定運算子「＝」可將值代入變數，但其實在撰寫程式時，還會使用各種運算子。接著，介紹 Python 的基本運算子。其中包含算術運算子、比較運算子、複合指定運算子、邏輯運算子。

算術運算子

　　先介紹算術運算子（見表 2-2）。

運算類型	運算子
加法	＋
減法	－
乘法	＊（星號）
除法	／（斜線）
取餘數	％
將商化為整數	／／
次方	＊＊

表 2-2　算術運算子

算術運算子可於更改變數值或使用變數進行運算時使用。在終端機試用算術運算子，試著透過運算改變變數 i 的值。

```
>>> i = 5
>>> i *3
15
>>> i = i ** 3
>>> i
125
>>> i / 3
41.666666666666664
>>> i // 3
41
>>>
```

圖 2-5　於終端機使用算術運算子

如圖 2-5，首先將 i 指定為 5，此時 i × 3（在終端機的指令為 i * 3，以此類推）的結果為 15。要注意的是，這時候 i 的值還是 5。接著將 i 的 3 次方（i ** 3）的結果存入 i。5 的 3 次方是 125，所以此時 i 的值為 125。

i ÷ 3（i / 3）的結果，雖然除不盡，但改成 i // 3 就能傳回整數的商。

第 1 章的範例程式碼（merge_print.py）也在下列程式碼（第 16 行）的 (i – 1)*20 的部分使用了算術運算子：

```
    sh3_row = (i - 1) * 20
```

比較運算子

除了算術運算子，還有一些重要的運算子。前文提過，「＝」是將右側的值存入左側變數的指定運算子。許多程式設計語言也有這種使用「＝」的方法，這個符號在數字之中稱為「等於」，指左側與右側的值相等，但將「＝」當成指定運算子使用，就不是左邊與右邊的值相等的意思。

因此，有些程式碼會使用連續 2 個「＝」的「＝＝」這種運算子。只有 1 個「＝」的時候是指定，但「＝＝」則可用來確認「左右兩側的值是否相等」。這類運算子又稱為比較運算子（見表 2-3）。

運算子的語法	運算內容
x == y	x 與 y 相等時傳回 True
x != y	x 與 y 不相等時傳回 True
x < y	x 小於 y 時傳回 True
x <= y	x 小於等於 y 時傳回 True
x > y	x 大於 y 時傳回 True
x >= y	x 大於等於 y 時傳回 True

表 2-3　比較運算子

就第 1 章的 merge_print2.py 而言，就在判斷 *（星號）的邀請
函收件人是否為客戶的 if 條件句使用了「==」（見程式碼 1-1 第
17 行）：

```
if row[CHECK_ROW].value == "*":
```

試著將 i 指定為 5，再將 j 指定為 3，然後使用比較運算子（見
圖 2-6）。

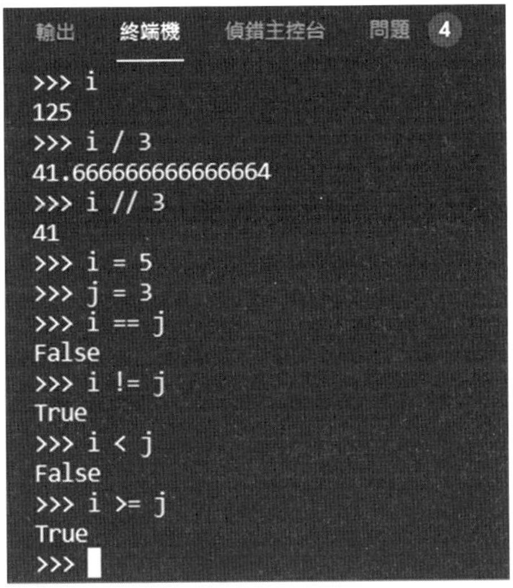

圖 2-6　在終端機使用比較運算子

比較運算子的運算結果會是布林值（True 或 False）。若是調查
「i 與 j 是否相等」：

```
i == j
```

就會傳回 False。若調查「i 是否不等於 j」：

i != j

就會傳回 True。若調查「i 是否小於 j」：

i < j

就會傳回 False。

i >= j

則會傳回 True，因為 i 的值的確大於等於 j。

複合指定運算子

有種運算子能更快寫完以算數運算子代入數值的語法，那就是所謂的複合運算子。

許多程式碼都會用到這類處理模式，來進行需要重複處理的工作，通常會設定一個計算次數的變數，讓這個變數在程式碼之中不斷遞增，同時執行相同內容的程式碼。

例如，這種利用 i 作為計數器的變數，實務上會將其寫成 i += 1，此時的「+=」就是所謂的複合運算子（見表 2-4）。

運算子的語法	運算內容
x += y	將 x+y 的結果存入 x
x -= y	將 x-y 的結果存入 x
x *= y	將 x*y 的結果存入 x
x /= y	將 x/y 的結果存入 x
x %= y	將 x/y 的餘數存入 x

表 2-4　複合指定運算子

第 1 章的 merge_print.py 也使用了複合指定運算子。具體來說，是在 for 迴圈使用了下列的複合指定運算子，以便收件人工作表的資料往下一個客戶移動。

```
i += 1
```

前述的程式會讓 i 的值加 1，再將新的值存入 i。

邏輯運算子

最後要介紹的是邏輯運算子。邏輯運算子主要會在條件式中使用，而且種類不少，不過現階段只須先記住 and、or、not 這三種。

這類運算子通常是在 if 這類條件式中使用。假設需要設定多個條件，可以利用邏輯運算子羅列每個條件，同時使程式評估多個條件。

在學習數字的集合時，老師通常會使用范恩圖說明（見圖 2-7），若使用這個范恩圖，應該能幫助大家了解 and、or 與 not 的意義。**and 是評估條件是否同時成立的運算子，而這種情況稱為「邏輯與」**。假設條件全部成立就傳回 True，否則就傳回 False。not 的意思是「否定」，所以會在條件不成立的時候傳回 True（見表 2-5）。

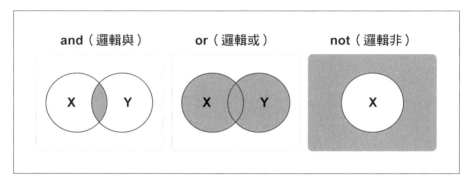

圖 2-7 and、or、not 的範圍

邏輯運算子當然不只有這三種。如果之後需要撰寫更複雜的程式，就有可能會用到其他的運算子，不過大家只要能先利用這三種運算子進行邏輯運算就夠了。

運算子的語法	運算內容
x and y	x 與 y 的邏輯與：當 x 與 y 都為 True 就傳回 True
x or y	x 與 y 的邏輯或：當 x 與 y 其中之一為 True 就傳回 True
not x	否定 x：當 x 為 True 就傳回 False，為 False 就傳回 True

表 2-5 邏輯運算子

試著利用邏輯運算子同時評估多個條件。

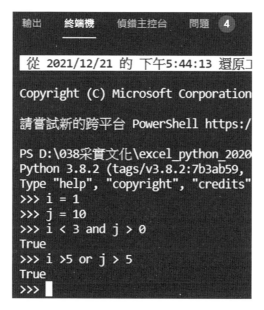

圖 2-8　利用邏輯運算子判斷條件

圖 2-8 的程式碼將 1 與 10 分別指定給 i 與 j，再使用邏輯運算子判斷條件。

```
i < 3 and j > 9
```

前述程式碼的意思是「i 小於 3，並且 j 大於 9」，其中的「而且」就是 and 的意思。當這個條件成立就會傳回 True。

or 的部分則是：

```
i > 5 or j > 5
```

　　這行程式碼的意思是「當 i 大於 5，或是 j 大於 5」。只要其中一個條件成立就會傳回 True。以前述的程式碼而言，雖然 i > 5 的部分不成立，但 j > 5 的部分成立，所以傳回 True。

08 | 外部函式庫與 import

　　第 1 章安裝了本書所需的外部函式庫 OpenPyXL，接下來要進一步說明函式庫到底是什麼。函式庫可以分成「模組」與「套件」（見圖 2-9）。

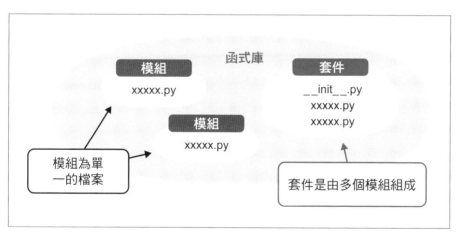

圖 2-9　單一檔案的「模組」與集結多個檔案的「套件」

　　模組就是副檔名為「.py」的單個 Python 檔案，一個模組也能提供特定的功能。

　　套件則是為了一次載入大量功能而囊括了多個模組的函式庫。

安裝 Python 後，Python 會新增儲存函式庫的「Lib」資料夾，
而模組的每個檔案都會存在 Lib 資料夾中（見圖 2-10），套件則會
以資料夾為單位，儲存在 Lib 資料夾中。要讓這些程式成為套件，
就必須在每個資料中製作 __init__.py 這個檔案。

標準函式庫的模組與套件會存在 Python 資料夾的 Lib 資料夾
中。位於 Lib 資料夾之中的 .py 檔案就是模組，而套件則有自己的
資料夾。

PC › Windows (C:) › Python › Python38 › Lib		
名前	更新日時	種類
tkinter	2020/07/07 18:40	ファイル フォルダー
turtledemo	2020/07/07 18:40	ファイル フォルダー
unittest	2020/07/07 18:40	ファイル フォルダー
urllib	2020/07/07 18:40	ファイル フォルダー
venv	2020/07/07 18:40	ファイル フォルダー
wsgiref	2020/07/07 18:40	ファイル フォルダー
xml	2020/07/07 18:40	ファイル フォルダー
xmlrpc	2020/07/07 18:40	ファイル フォルダー
__future__.py	2020/05/13 22:42	Python File
__phello__.foo.py	2020/05/13 22:42	Python File
_bootlocale.py	2020/05/13 22:42	Python File
_collections_abc.py	2020/05/13 22:42	Python File
_compat_pickle.py	2020/05/13 22:42	Python File

圖 2-10　函式庫會存放在 Lib 資料夾中

現在來了解套件結構。請開啟操作 sqlite 資料庫的 sqlite3 套件
「sqlite3」資料夾（見圖 2-11）。

應該會看到很多個模組。套件就是可以讓我們同時使用這些模
組的函式庫。此外，__init__.py 模組是將這些模組當成套件使用的
必要檔案。

於第 1 章安裝的 OpenPyXL 也是套件。這個套件放在哪呢？

圖 2-11 套件的資料夾中有 __init__.py 與模組

OpenPyXL 位於 Lib 資料夾的「site-packages」的資料夾中（見圖 2-12）。

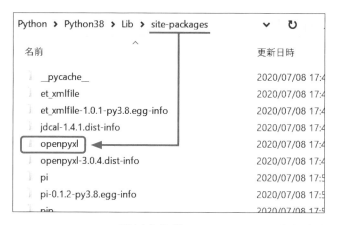

圖 2-12 openpyxl 資料夾位於 site-packages 資料夾中

函式庫可以分成與 Python 一起安裝的標準函式庫與程式設計師／使用者自行安裝的外部函式庫。兩者的差異在於是否需要安裝，若要在程式使用函式庫，兩者都必須要先載入。

第 1 章的範例程式 merge_print.py，也在一開始利用下列的程式

碼載入了函式庫：

```
import openpyxl
from openpyxl.styles import Font
from openpyxl.worksheet.pagebreak import Break
```

import 的語法有很多種，端看要如何在程式中使用函式庫。接著，根據前述的程式碼來解說載入函式庫的方法。

最單純的 import 語法就是：

```
import 模組名稱或套件名稱
```

也就是在 import 後面加上模組名稱或套件名稱。撰寫 import 句時，不需要區分載入的函式庫是套件或模組。

載入時另外命名

import 還有其他能更有效率地使用函式庫的語法。首先是下列這種語法：

```
import 模組名稱 as 暱稱
```

可以依照前述的語法替函式庫另外命名。「什麼時候要替函式庫另外命名呢？」答案是模組名稱太長時，因為只要另外命名，之後就不用寫出全名，也能避免與其他的程式碼內容或名稱重複。

　　若是經常使用的函式庫，不妨以 2 ～ 3 個字的暱稱來命名，之後就不用每次都輸入一大串的名稱。此外，縮短名稱也能避免不小心輸入錯誤。

　　接著是下列這種語法：

```
from 模組名稱 import xxxxxx
```

　　這裡的「xxxxxx」是由模組定義的類別或函式。如果是經常使用的類別或函式，只需要透過前述的語法就能載入。

　　以前一頁程式的第 3 行程式碼為例：

```
from openpyxl.worksheet.pagebreak import Break
```

　　就是載入於 OpenPyXL 定義的 Break 類別。不過在這行程式之前的前 2 行程式已載入了 OpenPyXL 套件，所以就算不在第 3 行程式輸入 import Break，也能在程式使用 Break 類別。

```
import openpyxl
```

　　不過，此時若要使用 Break 類別，就必須寫成下列這種「套件名稱.套件名稱.模組名稱.類別名稱」的語法，才能使用 Break 類別。

```
openpyxl.worksheet.pagebreak.Break(sh3_row + 20)
```

　　這個敘述很冗長對吧？所以若能先以「from 模組名稱 import xxxxxx」載入模組，之後就能寫成下列這種較為簡潔的程式碼：

```
Break(sh3_row + 20)
```

　　此外，也可以利用下列的語法，從套件載入特定的模組或套件：

```
import 套件名稱.模組名稱（或是套件名稱*）
```

　　不過如此一來，通常得在程式之內以「套件名稱．模組名稱」的語法使用函式庫。

---

* 有些套件之中還有套件，所以有可能會寫成「套件名稱．套件名稱」這種敘述。

09 控制語法：if 條件式的條件判斷

　　剛開始學習，請先記住以 if 條件式撰寫的條件判斷語法，以及利用 for 迴圈撰寫的迴圈處理。現在先從條件判斷的部分開始介紹。

　　在程式設計的用語裡，根據某個條件是否成立，決定是否執行處理的過程稱為條件判斷，許多程式設計語言都會利用 if 條件式撰寫這個部分，Python 也不例外。接著來了解如何撰寫 Python 的 if 條件式。

如果⋯⋯就執行⋯⋯

　　現在利用最單純的語法來了解以 if 條件式撰寫的條件判斷。最簡單的語法就是在條件成立（為真 =True）時「執行⋯⋯」的語法。

　　條件式的結尾一定得是冒號。後續屬於條件判斷的程式碼都必須要縮排，而這些套用縮排的程式碼就稱為「區塊」。當條件式為真，就會執行這個區塊中的程式碼（見圖 2-13）。

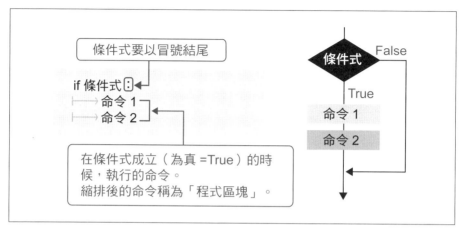

圖 2-13　在條件成立時執行處理，否則就跳過這個區塊，執行後續的程式

第 1 章的 merge_print2.py 也於第 17 行使用了條件判斷的敘述：

```
if row[CHECK_ROW].value == "*":
```

這行程式會先取得特定儲存格的值（row[CHECK_ROW].value），
並在值為「*」的時候執行相關處理。換言之，只需要在條件式成立
的時候執行程式區塊的指令，否則就什麼都不做。

否則就執行……

不過，有時也會想在條件不成立時執行特定指令。例如，在答
對題目時顯示「〇」、在答錯時候顯示「╳」。此時，可以使用 if-
else 的語法（見圖 2-14）。

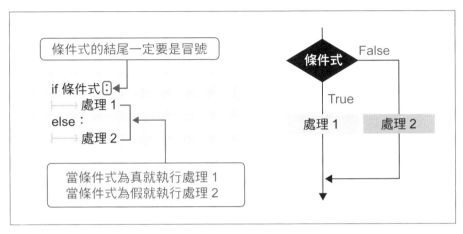

圖 2-14　條件式不成立時，可以利用 else 撰寫

　　來寫個簡單的程式當作練習條件判斷的暖身運動。請先在 Visual Studio Code（VS Code）開啟某個資料夾*，然後新增檔案，再命名為 score.py。如果忘記怎麼新增程式，請參考第 1 章的內容。

　　請依照圖 2-15 的畫面輸入程式碼。如果語法正確，在 if 條件式的結尾處輸入冒號與換行，下列的程式碼應該就會自動縮排，或是輸入左側的括號或是雙引號，就會自動顯示另一側的括號或是雙引號。

　　程式輸入完畢後，請從 VS Code 的「執行」選單點選「執行但不偵錯」，這時候終端機應該會顯示「Bad ！」才對。由此可知，這次執行的是 else 底下的程式區塊。請調整第 1 行 score 的值，測試程式的執行過程。

---

*　如果要使用範例檔的 score.py，請先點選「開啟資料夾」，再開啟 02 資料夾的 prg 資料夾。

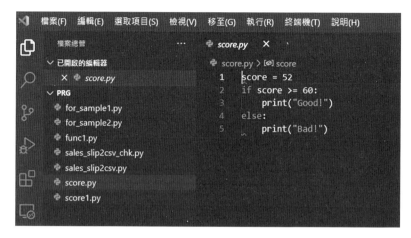

圖 2-15　於 **VS Code** 輸入條件判斷的程式碼

　　雖然這個程式很簡單，但之後可以在條件成立的處理（if 條件式後面的程式區塊）與條件不成立的處理（else 後續的程式區塊）多寫幾行程式。

如果成立就執行……

　　條件式不一定只能有 1 個條件。如果想設定多個條件式，可以使用 if-elif-else 的語法。假設 if 條件式的條件不成立，可以利用 elif 新增第 2 個條件式。2 個條件都不成立時的處理，則可以利用 else 撰寫（見圖 2-16）。

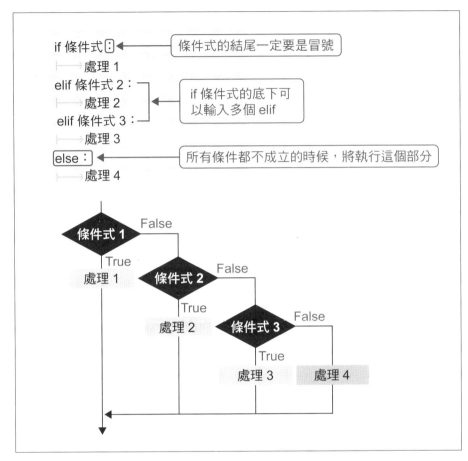

圖 2-16　要建立多個條件就使用 **elif**

　　將 score.py 的處理改造成以 elif 設定多個條件的條件判斷。
score1.py 會是依照分數給予 S、A、B、C、D 評價的程式（見程式
碼 2-1）。

```
 1    score = 67
 2    if score >= 90:
 3    ├── print("S")
 4    elif score >= 80:
 5    ├── print("A")
 6    elif score >= 70:
 7    ├── print("B")
 8    elif score >= 60:
 9    ├── print("C")
10    else:
11    ├── print("D")
```

程式碼 **2-1　根據分數給予評價的 score1.py**

　　elif 條件式可以如上同時存在多個。一旦執行這個程式就會輸
出 C。請調整第 1 行 score 的值，確認程式是否會依序根據多個 elif
條件式進行判斷。

10 | 控制語法：撰寫 for 迴圈

　　撰寫程式時，for 迴圈的使用頻率可說與 if 條件式相當，而且在使用 Python 操作 Excel 工作表時，更是頻繁使用，因為在操作 Excel 資料時，往往得對工作表的每一列進行相同處理，也常需要從某一列的儲存格開始依序讀取資料。

　　後文程式碼 2-2 是第 1 章的 merge_print2.py 的核心處理：

```
15   i = 1
16   for row in sh1.iter_rows(min_row=2):
17   ├──→ if row[CHECK_ROW].value == "*":
18   ├──→├──→ sh3_row = (i - 1) * 20
19   ├──→├──→ sh3.cell(sh3_row + 4, 1).value = "      " + row[1].
                                value + "  " + row[2].value + " "
20   ├──→├──→ sh3.cell(sh3_row + 1, 1).value = sh2["A1"].value
21   ├──→├──→ sh3.cell(sh3_row + 1, 1).font = font_header
22   ├──→├──→ sh3.merge_cells(start_row=sh3_row + 1,start_
                column= 1,end_row=sh3_row + 1,end_column=9)
23   ├──→├──→ sh3.cell(sh3_row + 1, 1).alignment = openpyxl.
                    styles.Alignment(horizontal="center")
24   ├──→├──→ j = 7
```

```
25  ├───├────── for sh2_row in sh2.iter_rows(min_row=2):
26  ├───├────────── sh3.cell(sh3_row + j, 2).value = sh2_row[0].
                                                          value
27  ├───├────────── j += 1
28
29  ├───├────── page_break = Break(sh3_row + 20) #建立頁面分頁列印
                                                          物件
30  ├───├────── sh3.row_breaks.append(page_break)
31  ├───├── i += 1
```

程式碼 2-2　第 1 章介紹的 merge_print2.py（從第 15 行開始）

　　重新閱讀這段程式碼會發現，在 for 迴圈（第 16 行）的處理之中，還有另一個迴圈處理（第 25 行的 for 迴圈）。外側的迴圈負責從「收件人」工作表逐出取得 row（列）的資料，內側的迴圈負責從「內文」工作表取得分散於各列的邀請函內文。

　　再來分析 for 迴圈的構造（見圖 2-17）。

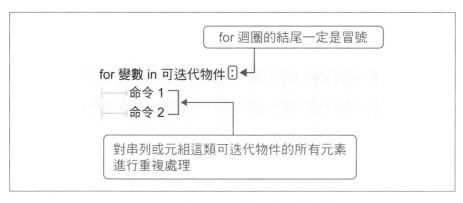

圖 2-17　利用 for in 語法撰寫的迴圈

　　所謂的可迭代物件就是會從多個元素逐一傳回元素的物件。若以前述的 merge_print2.py 來看，就是第 16 行：

```
for row in sh1.iter_rows(min_row=2)
```

　　其中的：

```
sh1.iter_rows(min_row=2)
```

　　openpyxl 的 iter_rows 是根據指定位置依序取得目標工作表的 row（列）的方法。以前述程式的 iter_rows(min_row=2) 為例，就是先指定 min_row，跳過輸入項目名稱的首列，再依序取得列的語法，因為 min_row 就是指此 for 迴圈中，資料列由第 2 列開始。

　　iter_rows 方法除了可以指定 min_row 這項參數，還有 max_row、min_col、max_col 這些參數可以使用，如果利用逗號間隔這些參數，以及設定這些參數的值，就能取得特定的儲存格範圍。**若不指定，就會以第 1 列或第 1 欄為起點。**

　　row 的各欄的值可以透過 row[0].value 這種索引值從 0 開始的語法存取。

　　現在利用可迭代物件做個實驗。請新增 sample.xlsx 這個 Excel 活頁簿，再於 Sheet1 的 1 ～ 5 列、A ～ E 欄輸入數值（見圖 2-18）。

圖 2-18　**sample.xlsx 的 Sheet1**

　　當然也可以仿照第 1 章的範例程式，自動判斷列與欄的終點，但這次的 for_sample1.py 故意在 5 列與 5 欄的儲存格範圍指定 min 與 max，設定儲存格範圍。程式碼內容如下（見程式碼 2-3）：

```
1    import openpyxl
2
3    wb = openpyxl.load_workbook(r"..\data\sample.xlsx")
4    sh = wb["Sheet1"]
5
6    for row in sh.iter_rows(min_row=1,max_row=5,min_col = 1,
                                                max_col=5):
7        print(row[0].value,row[1].value,row[2].value,
                            row[3].value,row[4].value)
```

程式碼 2-3　**for_sample1.py** 設定要取得的儲存格範圍

執行這個程式就會取得sample.xlsx的Sheet1 5列5欄的資料（見圖 2-19），再以 print 函式輸出。

圖 2-19　執行程式後，會顯示 5 列 5 欄的值

接著，請看程式的第 6 行：

```
min_row=1,max_row=5
```

前述的程式將列的範圍指定為第 1 列至第 5 列，接著利用下列的程式碼：

```
min_col=1,max_col=5
```

將欄的範圍指定為第 1 欄至第 5 欄。

若想將前述的範圍改成第 2 列至第 4 列，以及第 3 欄至第 4 欄，可以如下改寫第 6 行程式後的參數（見圖 2-20）。

```
for row in sh.iter_rows(min_row=2,max_row=4,min_col=3,max_
                                                    col=4):
⊢── print(row[0].value,row[1].value)
```

圖 2-20　以改寫之後的程式顯示 **3 列 2 欄**的值

可以依照前述的方式指定要存取的範圍。

指定迴圈的次數

如果想指定迴圈的次數，可以使用 for 迴圈的 range 函式指定（見圖 2-21）。

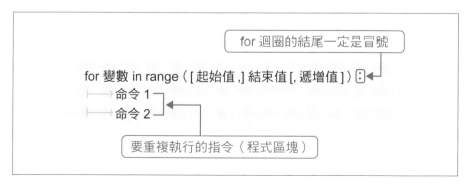

圖 2-21　利用 **for range** 語法撰寫迴圈

接著，寫個實驗用的程式（見程式碼 2-4）：

```
1    for i in range(5):
2    └──── print("迴圈：{}".format(i))
```

程式碼 2-4　for_sample2.py

執行該程式就會顯示目前執行的是第幾次的迴圈（見圖 2-22）。

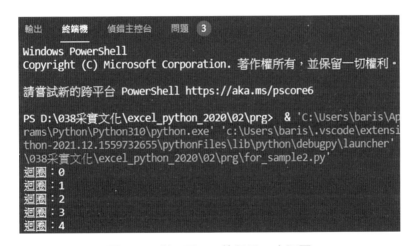

圖 2-22　從 0 至 4，執行了 5 次迴圈

　　參數的起始值與遞增值可以省略，所以若如前述的程式只輸入一個參數，就能自動指定要執行的次數。range 函式是將起始值設定為 0，再讓迴圈執行到結束值的前一個整數，而前述的程式將結束值設定為 5，所以會依照 0、1、2、3、4 的順序執行 5 次，每次都讓 print 函式輸出結果。

　　這次的範例程式利用字串的 format 方法，讓變數 i 的值展開至 {}

中。{} 稱為「置換欄位」，可以填入 format 方法所傳入的參數。

接著，試試在同一個程式的 range 函式之中指定第 2 個參數：

```
1   for i in range(1,5):
2   ├──── print("迴圈：{}".format(i))
```

執行這個程式後，終端機會輸出圖 2-23 的內容。

圖 2-23　在 range 函式指定兩個參數之後的輸出結果

若將起始值指定為 1，就會依照起始值到結束值的前一個整數重複執行 for 迴圈中的程式碼，所以這次 print 函式會輸出 1,2,3,4，代表迴圈執行了 4 次。

這次雖然不會示範，不過若指定遞增值，就能以不同的跨度遞增，例如，將遞增值指定為 2，就能只在偶數時執行處理，若是指定為 7，就能只在 7 的倍數時執行處理。有機會的話，請試著調整參數值，看會得到什麼結果。

11 | 函式：接收參數、回傳值

目前為止使用了很多個函式，例如 print 函式、type 函式及 range 函式。撰寫程式時，通常都會用到，所以這類函式都是內建於 Python 的函式，所以也稱為內建函式。

函式會接收參數與傳回回傳值（見圖 2-24）。有些函式只接收一個參數，有的可以接收多個參數，有的則不接收參數。此外，有的函式有回傳值，有的卻沒有。

例如，之前將變數傳遞給 type 函式的參數時，傳回了變數的類型，這代表 type 函式可以接收 1 個參數及傳送回回傳值。print 函式也可以接收參數，但只能以標準輸出[*]的方式輸出接收的值，所以沒有回傳值。

print 函式可以接收一個以上的參數。

---

[*]　在沒有特別指定輸出位置時，標準輸出通常就是電腦螢幕。標準輸出可以設定各種輸出位置。

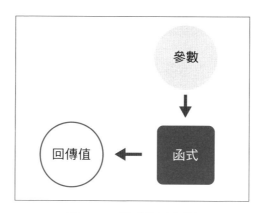

圖 2-24　函式的示意圖

現在進一步觀察 print 函式。

```
print("Hello,Python")
```

前述是只有一個參數的程式碼，但有時會寫成下列這種程式碼：

```
print(row[0].value,row[1].value,row[2].value,row[3].
value,row[4].value)
```

也就是接收 5 個參數。有時會卻只接受 2 個參數：

```
print(row[0].value,row[1].value)
```

其實這也算是 Python 的特徵。Python 的函式可以接收固定數量的參數，也可以接收 1 個到 n 個參數。

Python 內建了許多函式，但這些內建函式通常是通用功能的函式，所以通常會在寫程式時，將有可能重複使用的指令寫成函式，也就是使用者可以自訂函式。

例如，你打算撰寫一個在日本商店櫃台計算商品費用的程式，一定會需要一直計算消費稅，但有些商品的消費稅不是 10%，而是優惠稅率的 8%，此時若能將這些計算寫成以稅率或不含稅金額為參數的函式，之後就不用一直重複撰寫計算稅金的指令，只需要指定參數與呼叫函式即可。

以計算消費稅為例，有些商品必須以優惠稅率計算，有些必須以固定稅率計算，有時只有其中幾項商品以相同的稅率計算，有時候是整筆消費都用同一稅率計算，而程式中的各種計算都有可能會用到計算消費稅的部分。

如果每次都要重寫計算消費率的程式碼，實在很沒效率。此時，若將計算消費稅的程式寫成函式，就能省去這些麻煩，而且還能在程式的每個地方使用這個函式。

這種自訂函式的行為稱為「定義」函式。

若打算自訂函式，可以使用 def 語法定義函式（見圖 2-25）。

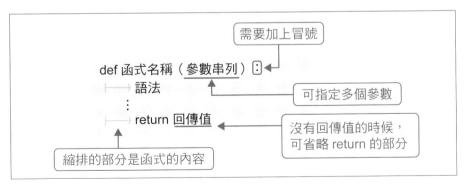

圖 2-25　定義函式的語法

接著，是設定函式名稱，以及依照需要的數量指定參數。若不需要參數可以省略羅列所需參數。嚴格來說，於定義函式中指定的參數稱為「臨時參數」，於呼叫參數時指定的參數稱為「正式參數」。

def 語法一樣要以冒號結尾，之後套用縮排的部分則是函式的內容，也就是要執行的程式碼。最後可以利用 return 語法指定回傳值。如果不需要回傳值，可以省略 return 的部分。

現在試著自訂函式。此一函式能傳入 1 個參數，並利用 print 函式輸出值與類型的函式。接下來會介紹解答範例的 func1.py，但請你先想一下再看答案。

```
1   def show_variable(x):
2   ├──▶print("類型為{} 值為:{}".format(type(x),x))
```

程式碼 2-5　**輸出變數的值與類型的函式 func1.py**

前述的程式碼 2-5 自訂了函式「show_variable」，而這個函式會接收 1 個參數。一如前述，def 語法需要以冒號（：）作為結尾。後續縮排的部分是函式的程式區塊，也就是函式的內容。話說回來，show_variable 函式的內容只有 1 行。

show_variable 函式會在接收參數後，以標準輸出的方式輸出該參數的類型與值。字串的 format 方法可接收多個參數，而這個程式碼的 format 方法將第 1 個參數設定為 type(x)，再將第 2 個參數設定為 x，這個 x 就是函式接收的參數。format 將會依序植入傳入的值。

透過前述的語法定義 show_variable 函式後，可以透過下列的語法使用這個函式：

```
3   a = 3 * 3
4   show_variable(a)
5   b = 3 / 2
6   show_variable(b)
```

本書也實際執行了這個程式。

如前述的程式將變數 a 與變數 b 傳遞給 show_variable 函式的參數，就能分別顯示對應的類型與值（見圖 2-26）。

圖 2-26　執行 **show_variable** 函式的結果

12 │ 物件導向

　　Python 算是較新的語言，所以也是物件導向的程式設計語言。

　　物件導向是將注意力放在物件，而物件有方法與屬性。舉例來說：

```
wb.create_sheet("列印專用")
```

　　就是對 wb 這個活頁簿物件，呼叫這個物件中新增工作表的方法 create_sheet。此外：

```
sh3.cell(sh3_row + 1, 1).font
```

　　則代表工作表物件 sh3 的儲存格（儲存格也被當成物件使用）的 font 屬性。

　　在物件導向程式設計語言的世界裡，有建立物件所需的藍圖，而前述的方法與屬性都是根據這個藍圖來定義（見圖 2-27）。這張藍圖成為類別。在定義類別時，會連同這個類別的方法與屬性一併定義。

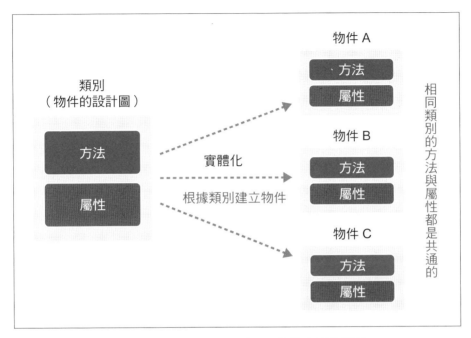

圖 2-27　類別、方法、屬性、物件之間的關係

　　根據這個類別建立在這個程式使用的物件稱為「實體化」。

　　其實，Excel 也是物件導向的軟體。

　　Excel 的檔案是活頁簿物件，能於活頁簿重複新增的工作表也是物件（見圖 2-28）。VBA 裡的活頁簿與工作表也有方法與屬性。請開啟 sample.xlsx，再從「開發人員」選單顯示 Sheet1 的屬性，就會發現工作表的確是物件（見圖 2-29）。

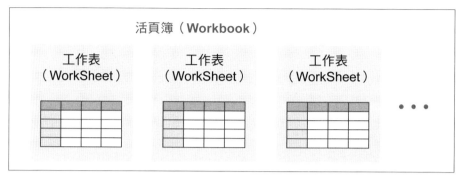

圖 2-28　　活頁簿與工作表的關係

圖 2-29　　利用 **VBA** 確認 **sample.xlsx** 的 **Sheet1** 的屬性

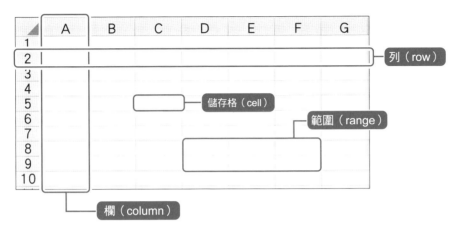

圖 2-30　組成工作表的物件

　　工作表是由列與欄組成（見圖 2-30），最小的範圍為一個儲存格（cell），連續的儲存格也可以當成 range（範圍）操作。列、欄與儲存格都是物件，都擁有自己的方法與屬性。

13 | 錯誤訊息

麻美：千岳室長，之前替業務部製作了「將請款單製作成清單，再以 CSV 格式輸出的程式」，但對方一直抱怨，說是途中會顯示錯誤訊息。

千岳：麻美，不用一直喊我室長，這裡就我們兩個啊！應該是業務 2 課，對吧？他們一定輸入了錯誤的資料。

麻美：你為什麼邊說話邊竊笑啊！千岳，你就是這樣才不受歡迎，好好處理這件事啦！我把問題整理整理再寄給你。

千岳：「在單價的部分輸入字串，就出現大問題」，還有「一有空白的儲存格就顯示 TypeError」，這是十分正常的錯誤吧！

　　在本系列的第一本書《【圖解】零基礎入門 Excel×Python 高效工作術》是從將 Excel 的請款單製作成清單，再以 CSV 格式輸出的程式開始學習程式設計。其他部門使用當時製作的程式 sales_slip2csv.py 之後，似乎遇到不少錯誤訊息，所以接著來了解寫程式時，一定會遇到的「錯誤問題」。

　　寫好程式後，當然要測試一下能不能正常執行，而且測試的時間通常比寫程式的時間還久。不過，使用自己的資料測試自己寫的程式，往往找不出程式的問題，因為只要是自己進行測試，很難製作不合程式讀取規格的資料。

CSV 檔案

　　CSV 是 Comma Separated Value 的縮寫，是指利用逗號（Comma）切割（Separated）值（Value）的意思。雖然 CSV 檔案的副檔名是 csv，但其實 CSV 檔案是文字檔案，可以直接利用記事本這類文字編輯器或 VS Code 開啟，當然也可以在 Excel 開啟。

　　要注意的是，CSV 檔案沒辦法套用調整表格樣式的格式設定，也沒辦法使用圖表或函式這類功能，也因此許多軟體與系統都能使用 CSV 檔案，所以可以透過 CSV 檔案與 Excel 之外的各種資料庫或使用資料庫的商用軟體交換資料。

　　接著，看看被說有問題的程式碼 2-6：

```
1   import pathlib    # 標準函式庫
2   import openpyxl   # 外部函式庫   pip install openpyxl
3   import csv        # 標準函式庫
4
5
6   lwb = openpyxl.Workbook()       # 業績一覽表活頁簿
7   lsh = lwb.active                # 業績一覽工作表
```

```
 8  list_row = 1
 9  path = pathlib.Path("..\data\sales")      #指定相對路徑
10  for pass_obj in path.iterdir():      ……①
11  ├──→ if pass_obj.match("*.xlsx"):
12  ├──→├──→ wb = openpyxl.load_workbook(pass_obj)
13  ├──→├──→ for sh in wb:
14  ├──→├──→├──→ for dt_row in range(9,19):
15  ├──→├──→├──→├──→ if sh.cell(dt_row, 2).value !=None:  ……②
16  ├──→├──→├──→├──→ lsh.cell(list_row, 1).value =
                        sh.cell(2, 7).value  #傳票NO
17  ├──→├──→├──→├──→ lsh.cell(list_row, 2).value =
                        sh.cell(3, 7).value  #日期
18  ├──→├──→├──→├──→ lsh.cell(list_row, 3).value =
                        sh.cell(4, 3).value   #客戶代碼
19  ├──→├──→├──→├──→ lsh.cell(list_row, 4).value =
                        sh.cell(7, 8).value  #負責人代碼
20  ├──→├──→├──→├──→ lsh.cell(list_row, 5).value =
                        sh.cell(dt_row, 1).value #No
21  ├──→├──→├──→├──→ lsh.cell(list_row, 6).value =
                        sh.cell(dt_row, 2).value #商品代碼
22  ├──→├──→├──→├──→ lsh.cell(list_row, 7).value =
                        sh.cell(dt_row, 3).value #商品名稱
23  ├──→├──→├──→├──→ lsh.cell(list_row, 8).value =
                        sh.cell(dt_row, 4).value #數量
24  ├──→├──→├──→├──→ lsh.cell(list_row, 9).value =
                        sh.cell(dt_row, 5).value #單價
25  ├──→├──→├──→├──→ lsh.cell(list_row, 10).value =
                        sh.cell(dt_row, 4).value * \
```

```
26 |→|→|→|→|→       sh.cell(dt_row, 5).value #金額    ……③
27 |→|→|→|→|→      lsh.cell(list_row, 11).value =
                              sh.cell(dt_row, 7).value #備註
28 |→|→|→|→|→     list_row += 1
29
30 with open("..\data\sales\salesList. !
                csv","w",encoding="utf_8_sig") as fp:      ……④
31 |→  writer = csv.writer(fp, lineterminator="\n")
32 |→  for row in lsh.rows:
33 |→|→    writer.writerow([col.value for col in row])
```

程式碼 2-6   **sales_slip2csv.py**

　　首先說明這個程式的概要[*]。①是搜尋存在 ..\data\sales 業績傳票
的 xlsx 檔案。這個程式預設這個資料夾會有多個 xlsx 檔案，所以在
這個資料夾找到 xlsx 檔案後，再以 for sh in wb 的語法從這個檔案
（活頁簿）取得工作表。工作表的內容請見圖 2-31。

---

[*]　程式的相關說明請參考《【圖解】零基礎入門 Excel×Python 高效工作術》。

圖 2-31　資料輸入正確的業績傳票

　　這類業績傳票通常會一張張分別存在不同的工作表。不同的活頁簿有不同數量的工作表。

　　②是將業績傳票轉存為清單格式的工作表（ish）的程式碼。range(9,19) 指定了明細列的範圍，所以第 15 行的程式碼則是判斷是否輸入了商品代碼：

```
15                      if sh.cell(dt_row, 2).value != None
```

　　假設沒有輸入商品代碼，就不需要載入該列。如果輸入了商品代碼，就利用第 16 行後的程式碼將每一列的資料轉存至清單工作表。④之後的程式碼是轉存為 CSV 檔案的程式碼。

在寄來的錯誤報告中，有一項是「在單價的部分輸入字串，就出現大問題」，所以要修正③的「數量 × 單價」的計算程式碼：

```
sh.cell(dt_row, 4).value * sh.cell(dt_row, 5).value*
```

如果在進行這項計算時，不小心在單價的部分輸入「太貴」的字串，而不是整數的話（見圖 2-32），會發生什麼事情呢？

圖 2-32　在單價欄位輸入字串後的業績傳票

結果就是將這張業績傳票的資料匯入清單後，對應的儲存格，也就是金額欄位顯示了一長串的「太貴」（見圖 2-33）。

---

* 原本的程式會換列，但第 25 行程式結尾處的「\」是「就算看起來換行，但在程式中，還是同一行」的符號，所以就程式而言，會像這樣寫成一整串程式碼。

```
*salesList.csv - 記事本
檔案(F) 編輯(E) 格式(O) 檢視(V) 說明
1010981,2019/11/15,1,1001,1,W1100001201,禮服襯衫S,5,1000,5000,2019秋季款式
1010981,2019/11/15,1,1001,2,W1100001202,禮服襯衫M,1,2560,2560,
1010981,2019/11/15,1,1001,3,W1100001203,禮服襯衫L,,2760,,尺寸略大
1010982,2019/11/15,2,1001,1,W1200001201,休閒襯衫S,50,1890,94500,特價
1010982,2019/11/15,2,1001,2,W1200001202,休閒襯衫M,30,太貴,太貴,太貴,太貴,太貴,太貴,太貴,太貴,太貴,
太貴,太貴,太貴,太貴,太貴,,特價
1020765,2019/11/20,5,2001,1,M1000043001,POLO衫S,100,2100,210000,
1020765,2019/11/20,5,2001,2,M1000043002,POLO衫M,120,2100,252000,
1020765,2019/11/20,5,2001,3,M1000043003,POLO衫L,150,2100,315000,L賣得最好
1020765,2019/11/20,5,2001,4,M1000043004,POLO衫LL,130,2100,273000,
1020765,2019/11/20,5,2001,5,M1000043005,POLO衫XL,100,2100,210000,
1020766,2019/11/23,4,2001,1,M1000043001,POLO衫S,100,2250,225000,
1020766,2019/11/23,4,2001,2,M1000043002,POLO衫M,200,2250,450000,
```

圖 2-33　利用記事本開啟新增的 CSV 檔案

這是因為 Python 的字串相乘功能。

```
30 * "太貴"
```

前述程式碼會讓字串「太貴」連續出現 30 次。雖然業務 2 課抱怨程式有問題，但追根究柢，是對方在業績傳票輸入錯誤資訊。

對方還說發生了 TypeError 的錯誤。Type 就是之前以 type 函式顯示的資料類型，換言之，可能是值的資料類型出了問題，通常是因為輸入了種類不對的值。看來是混進了如圖 2-34 的業績傳票。

如果在該輸入數量的地方卻什麼也沒輸入的話，就會發生 TypeError 這種例外，處理也會跟著中斷（見圖 2-35）。

圖 2-34　應該輸入數量卻什麼也沒輸入

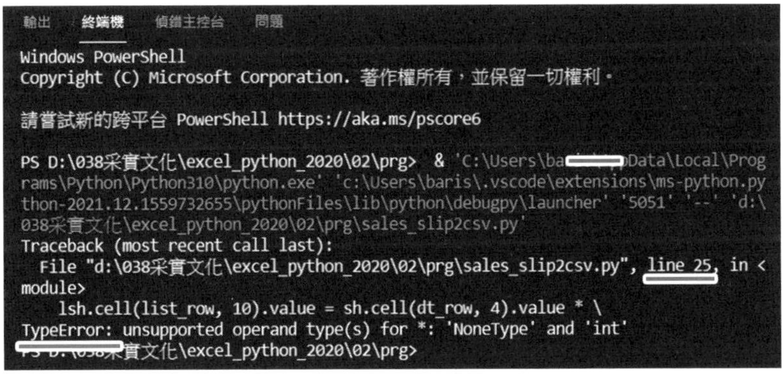

圖 2-35　如果沒有輸入內容，就會在執行第 25 行時發生 TypeError 的錯誤

　　該怎麼解決這個意料之外的錯誤呢？方法有很多種，但最簡單的方法就是先確認計算項目是否為數值，再開始計算。

　　例如，若只開放輸入 int 類型與 float 類型的數值，可以建立下列的函式：

```
def chk_numeric(val):
    if type(val) == int or type(val) == float:
        return True
    else:
        return False
```

　　chk_numeric 函式會在參數的資料類型為 int 或 float 的時候傳回 True，否則就傳回 False。

　　所以程式碼可以改寫成在計算前，先將數值與單價傳遞給 chk_numeric 函式，確認數值與單價的資料類型。假設結果為 True 才開始計算，就能避免程式中斷。將前面的程式碼的③（見程式碼 2-6 第 25 ～ 26 行）改寫成下列內容，就能進行前述的檢查。

```
if chk_numeric(sh.cell(dt_row, 4).value) and \
    chk_numeric(sh.cell(dt_row, 5).value):
    lsh.cell(list_row, 10).value = sh.cell(dt_row, 4).value * \
        sh.cell(dt_row, 5).value #金額
```

14 │ 解說合併列印的程式

　　在學完 Python 程式設計入門基礎後，回頭看第 1 章的範例程式吧！希望你能從中了解寫程式其實比想像中簡單，大部分的程式也都是由基礎的程式碼組成。

　　話說回來，或許你還不太習慣閱讀一大串的程式碼，建議可以在讀完第 5 章之前的實踐篇後，再回頭挑戰，只要熟悉寫程式的流程，應該就不會覺得寫程式很困難了。

　　閱讀程式碼前，先整理一下這個程式碼會執行哪些工作。這個程式的主要目的在於將 50 週年慶祝會的邀請函寄給客戶端的負責人，所以在「50 週年慶祝會邀請函 .xlsx」新增了「收件人」工作表，也在這張工作表製作了收件人的資料庫（見圖 2-36）。

圖 2-36　邀請函的收件人清單

在這個資料庫中，有列出來賓的欄位。具體來說，只會將邀請函寄給在各列的 D 欄標註了 * 的人。

邀請函的內容則放在同一個檔案（活頁簿）的「內文」工作表的 A 欄（見圖 2-37）。

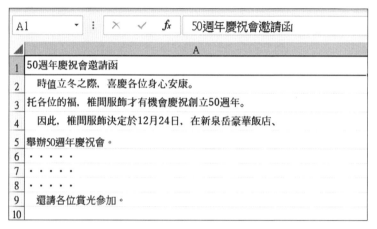

圖 2-37　邀請函的內文

之後要根據前述的資料在「列印專用」工作表，製作要發給每位來賓的邀請函。為了分開列印每張邀請函，每張邀請函都以換頁的方式製作。

能幫我們自動完成前述處理的是第 1 章介紹的 merge_pirnt2.py，已在本章前面段落解說過其中的處理，所以這次就針對還沒說清楚的部分介紹。先完整瀏覽整段程式碼（見程式碼 2-7）：

```
1   import openpyxl
2   from openpyxl.styles import Font
3   from openpyxl.worksheet.pagebreak import Break
```

```
4
5    CHECK_ROW = 3  #定義常數
6    wb = openpyxl.load_workbook(r"..\data\50週年慶祝會邀請
                                                    函.xlsx")
7    sh1 = wb["收件人"]
8    sh2 = wb["內文"]
9    del wb["列印專用"]   #Python的del句
10   sh3 = wb.create_sheet("列印專用")
11
12   #建立字型
13   font_header = Font(name="微軟正黑體",size=18,bold=True)
14
15   i = 1
16   for row in sh1.iter_rows(min_row=2):
17   ├──→ if row[CHECK_ROW].value == "*":
18   ├──→├──→ sh3_row = (i - 1) * 20
19   ├──→├──→ sh3.cell(sh3_row + 4, 1).value = "      " + row[1].
                    value + "  " + row[2].value + "先生／小姐"
20   ├──→├──→ sh3.cell(sh3_row + 1, 1).value = sh2["A1"].value
21   ├──→├──→ sh3.cell(sh3_row + 1, 1).font = font_header
22   ├──→├──→ sh3.merge_cells(start_row=sh3_row + 1,start_
                    column=1,end_row=sh3_row + 1,end_column=9)
23   ├──→├──→ sh3.cell(sh3_row + 1, 1).alignment = openpyxl.
                        styles.Alignment(horizontal="center")
24   ├──→├──→ j = 7
25   ├──→├──→ for sh2_row in sh2.iter_rows(min_row=2):
26   ├──→├──→├──→ sh3.cell(sh3_row + j, 2).value = sh2_row[0].
                                                    value
```

```
27  ├──────├──────├──────  j += 1
28
29  ├──────├──────  page_break = Break(sh3_row + 20) #建立頁面分頁列印
                                                         物件
30  ├──────├──────  sh3.row_breaks.append(page_break)
31  ├──────├──────  i += 1
32
33  wb.save(r"..\data\50週年慶祝會邀請函.xlsx")
```

程式碼 2-7　merge_print2.py

第 1 ～ 3 行是本章介紹的匯入外部函式庫的語法。import、from、as 的使用方法會於這個程式碼解說，請參考本章前文內容。

載入檔案時，使用的 raw 字串

從第 5 行開始就是載入資料的處理。一開始先以第 6 行的 load_workbook 方法指定 Excel 活頁簿的檔案名稱，再載入該檔案。這段程式碼載入的是「50 週年慶祝會邀請函 .xlsx」這個活頁簿，但可以發現檔案名稱的前面多了一些不太熟悉的文字。首先從 r 開始說明。

r 是「raw 字串」的 r，有發現下面的字串前面有「r」嗎？

r"..\data\50週年慶祝會邀請函.xlsx"

在 Python 的字串前面加上 r，代表不要把這個字串當成跳脫字元，直接當成字串使用就好。這種字串稱為 raw 字串，而 raw 有「生鮮」的意思。

所謂的跳脫字元就是像定位點、表格、換行這類具有特殊意義的字元，要在字串之中使用定位點，就必須加註 \t，要使用表格就要加註 \f，換行則是 \n。

話說回來，Windows 是以「\」標示目錄路徑，所以若是目錄或檔案是以 t 為字首，字串之中就會出現 \t 的部分，而 Python 就會解讀成「要在這裡放入定位點」，導致無法正確解讀檔案名稱或目錄名稱。

為了避免這種與跳脫字元偶然一致的字串被解讀成跳脫字元，才要將這種字串指定為 raw 字串。若以第 6 行的程式碼為例，在切割目錄的「\」之後是「50」這個數字，而「\50」會被解讀為小括號（( ) 這個跳脫字元，所以才要先加上「r」，宣告這個字串為 raw 字串，否則就會發生錯誤。

雖然字串中沒有跳脫字元就可以不用加上「r」，但是每次都要檢查有沒有跳脫字元實在太麻煩，一不小心還會看漏，所以在存取 Excel 檔案時，或是在輸入 Windows 的路徑時，建議大家都加上「r」。

回到 merge_print2.py 的說明。第 6 行是將載入的 Excel 活頁簿指定為變數 wb，再於第 7 ～ 8 行的程式碼將活頁簿的「收件人」、「內文」工作表分別指定為變數 sh1 與 sh2，如此一來，就能利用這些變數操作這些活頁簿與工作表的物件。

第 13 行的程式碼設定了內文的標題格式，透過建立變數 font_header 進行設定。在程式設計的世界裡，會把這種設定說成「在 font_header 變數建立 Font 物件」。這行程式會將「50 週年慶祝會

邀請函」這個標題放大。這個格式會在後續的處理使用。話說回來，
到目前為止都還只是進行合併列印的前置作業。

替每個收件人新增內文

從第 15 行開始是主要的資料處理。

首先，要說明的是第 15 行：

```
i = 1
```

i 在這時候代表正在處理第幾位客戶，之後的程式將根據 i 的值
製作每張邀請函。

第 16 行是 for 迴圈。在本章前文解說迴圈時，已經說明過這段
程式碼，所以在此說明還沒有說明的部分。

第 16 行是以 iter_rows 方法逐行處理 sh1，也就是「收件人」工
作表的資料。之所以利用參數 min_row=2 將起始列指定為第 2 列，
是因為第 1 列是項目名稱，前述的參數設定可跳過項目列。

迴圈處理的開頭是條件判斷

第 17 行的 if 是 Excel 與 Word 的合併列印功能做不到，但是
Python 做得到的處理。這也是 Python 讓整個業務流程自動化最具代
表性的部分。這裡的程式碼如下：

```
if row[CHECK_ROW].value == "*":
```

變數 CHECK_ROW 是於第 5 行的程式碼存入的 3，而第 5 行程式碼的右側也加註了「# 定義常數」，這部分稱為程式註解。Python 的程式註解是以 # 為開始，而程式註解不會被當成程式碼的字串來解讀，通常是為了讓別人更容易看懂程式碼而加上的程式註解說明。

第 5 行加註了「定義常數」的程式註解。在寫程式時，通常會替資料取一個像 CHECK_ROW 的名稱，再將資料當成變數操作，但所謂的常數就是從程式開始到結束，值都不會變的變數。其實 Python 沒有宣告常數的語法，所以在前述的程式碼中，CHECK_ROW 一樣是變數。

其他的程式設計語法中有 Const 或 final 這類宣告常數的語法，但 Python 只有變數，沒有所謂的常數，所以常數有可能會在中途變成變數。不過就程式設計師而言，要是常數被改成變數就很麻煩了，真希望能有宣告常數的語法。

所以為了避免前述的問題，才會將這種以 CHECK_ROW 大寫英文字母命名的變數當成常數[*]。換言之，以 CHECK_ROW 這種大寫英文字母命令的變數不可在程式的中途變更值。

若使用這個 CHECK_ROW 撰寫下列的程式碼：

```
row[CHECK_ROW]
```

就會從該列的 0 開始計算到 3，也就是第 4 個欄位，換言之就是 D

---

[*] 雖然不是白紙黑字的規定，但通常會將大寫英文字母的變數當成常數使用。

欄。第 17 行的 if 條件式會在各列的 D 欄有 * 號的時候，執行後續的處理。

　　if 條件式之後的程式碼與第 1 章開頭介紹的 merge_print.py 相同，但是要注意的是，在第 17 行輸入這個 if 條件式之後，第 18 ～第 31 行的 page_break 必須套用更深一層的縮排樣式。

　　這種利用 if 條件式撰寫的條件判斷，算是程式設計的定式，如此一來，程式便可以自動判斷是否要替該客戶製作邀請函。

將客戶與負責人的名稱串在一起再轉存

　　假設第 17 行的 if 條件式的條件為 True，也就是客戶資料加註了「*」，就執行第 18 行的程式。第 18 行是在 i-1 乘上 20，再將結果存入變數 sh3_row。sh3_row 是代表將資料寫入列印專用工作表哪一列的變數，也是第 10 列建立的變數。

　　第 19 行：

```
row[1].value + " " + row[2].value
```

　　會載入「收件人」工作表的各列的第 2 欄「客戶名稱」與第 3 欄的「負責人」，再利用空白字串將客戶名稱與負責人組成一個字串。請注意，這裡取得的 row（列）的欄是以數字指定，而且是從 0 開始。

　　之後會將這個方法回傳的值存入指定的儲存格中。主要是使用 cell（儲存格）方法撰寫成下列的程式，以指定儲存格：

```
sh3.cell(sh3_row + 4, 1)
```

　　在列的部分是以（sh_row +4）的公式指定，欄的部分則是以數值（1）指定。

　　在一開始執行這部分的程式碼時，也就是 i 等於 1 的時候，sh3_row 的值會是 0，所以會將客戶名稱與負責人合併的字串放進「列印專用」工作表的第 4 列第 1 欄（儲存格 A4）。

　　後續的第 20 行如下：

```
sh3.cell(sh3_row + 1, 1)
```

　　這是將下列程式碼的值存入 sh3，也就是「列印專用」工作表的第 1 列第 1 欄的程式碼。

```
sh2["A1"].value
```

　　前述的程式碼是要存入「列印專用」工作表的第 1 列第 1 欄的值，也就是輸入 sh2 的「內文」工作表的儲存格 A1 的「50 週年慶祝會邀請函」。下一行的程式碼如下：

```
sh3.cell(sh3_row + 1, 1).font = font_header
```

這裡的 font_header 就是第 13 列建立的物件。如此一來，不管是寄給哪位客戶的邀請函，「50 週年慶祝會邀請函」這幾個字都會放大。

第 22 行的 merge_cells 方法會合併儲存格。start_row 與 end_row 都是 sh3_row + 1，所以第 1 列的 start_column =1、end_column =9 的設定會讓第 9 欄為止的所有儲存格合併。這部分的程式碼如下：

```
sh3.merge_cells(start_row=sh3_row + 1,start_column=1,end_
                               row=sh3_row + 1,end_column=9)
```

最後要在合併的儲存格套用格式。第 23 行程式碼的「＝」的左側如下：

```
sh3.cell(sh3_row + 1, 1).alignment
```

這行程式碼的意思，是變更第 22 行合併的儲存格的 alignment（對齊方式）屬性，而變更的內容則是「＝」的右側，也就是下列這段程式：

```
openpyxl.styles.Alignment(horizontal="center")
```

如此一來，「50 週年慶祝會邀請函」這個字串就會套用水平居中的對齊方式。

結論就是利用第 20 ～ 23 行的 4 行程式讓①在「列印專用」工作表的儲存格 A1 輸入「50 週年慶祝會邀請函」字串、②對儲存格 A1 設定字型、③合併儲存格 A1 ～ 11、④調整水平的對齊方式。

重複轉存內文的 for 迴圈

接下來的第 24 行的 j=7 則要開始編輯邀請函的內文。之所以將 j 設定為 7，是因為邀請函的內文是從第 7 行開始。

內文的部分也是利用 for 迴圈與 sh2.iter_rows 從「內文」工作表反覆取得內文，再將取得的內文轉存至「列印專用」工作表的特定儲存格。從「內文」工作表取得內文資料的是第 25 行程式碼，也就是下列的程式碼：

```
for sh2_row in sh2.iter_rows(min_row=2):
```

取得資料的工作表物件雖然不同，但是這段程式碼與取得客戶名稱、負責人的第 16 行程式碼使用了相同的語法：

```
for row in sh1.iter_rows(min_row=2):
```

兩邊只有資料來源為 sh1（收件人）與 sh2（內文）的差異，以及後續產生的物件的名稱不同而已。

第 26 行指定了轉存位置的列：

```
sh3.cell(sh3_row + j, 2).value
```

前述的程式碼使用了於第 24 列存入 7 的 j。簡單來說，就是每轉存 1 列的資料，j 就會遞增 1（第 27 行），然後回到第 25 行的程式，再將後續的內文轉存至下一列。

這種迴圈處理可說是程式設計的基本。

分頁與儲存

完整轉存一人份的邀請函內容之後，就在結尾處插入分頁。這部分是利用變數 page_break 建立分頁物件（見程式碼第 29 行）。這段程式會在工作表的 20 列分頁。第 30 行則利用 sh3.row_breaks.append() 在工作表插入分頁。

當 i 遞增 1（見程式碼第 31 行），執行下次計算時的 sh3_row 就會是（2-1）*20，所以也就是 20。這樣就能替每位客戶製作邀請函。

利用 for 迴圈替所有客戶製作邀請函之後，最後要以下列的程式碼：

```
wb.save(r"..\data\50週年慶祝會邀請函.xlsx")
```

也就是利用 save 方法將工作表物件（wb）以指定的檔案名稱儲存為 Excel 活頁簿（見程式碼第 33 行）。

由於這個檔案名稱與載入時的檔案名稱相同，所以原始的檔案會被覆寫。一般的檔案操作通常會先詢問是否要覆寫檔案，但這次選擇的是直接覆寫檔案。若是將參數的檔案名稱設定為其他的檔案名稱，就能以另存新檔的方式儲存檔案。

第 **3** 章

篩選、擷取資料，
　減少手動次數

15 │ 從海量資料找出正確資訊

突然有人慌慌張張從走廊衝進來。到底發生了什麼事？

刈田：糟糕了，千岳，出貨的產品有問題，快來幫我！

品質管理室的刈田室長突然衝進千岳的自動化推動室。原以為都是室長，故事情節會很單純，不過千田岳服務的椎間服飾通常會為了解決垂直型組織的問題而建立小組織，再與其他部門的成員分享資訊，以及著手解決問題，品質管理室也屬於這種小組織之一。

千岳：是有什麼瑕疵啊？

刈田：拉鏈頭的金屬部分在很寒冷的地帶會變得很脆。

千岳：這很糟耶，拉鏈的廠商一定不是○KK，對吧？

刈田：對，這次不是○KK。當務之急是先回收這些產品，所以得先知道這款產品的出貨地與出貨數量。

千岳：我知道了，我先從網頁銷售管理系統下載出貨資料，再試著彙整。

刈田：有辦法今天做好嗎？千岳？

千岳：刈田前輩，我會先想想要寫什麼程式，但我不知道多快可以完成喲！

刈田：真傷腦筋啊，千岳，這攸關公司的信用啊！

千岳：我會抓緊進度的，也會不斷回報進度。

刈田：好，好，麻煩你了，一切拜託了啊！

麻美：（真是令人刮目相看，沒想到千岳不知不覺變得很有室長的架勢了。）

　　千田岳先要求麻美從網頁銷售管理系統下載 CSV 格式的出貨資料，自己則是開始規劃 Python 程式的內容。
　　接下來，請一起跟著千田岳著手規劃程式的內容。這個程式應該可以分成三大部分。

1. 從出貨資料篩選出問題產品的處理
2. 依照出貨地重新排序篩出的資料
3. 根據出貨地彙整出貨數量

　　撰寫程式時，若是已經確定要處理哪些資料，那麼第一件事就是先從資料找出規律，或是挑出例外的資料。
　　接下來跟著千田岳瀏覽出貨資料（見圖 3-1）。

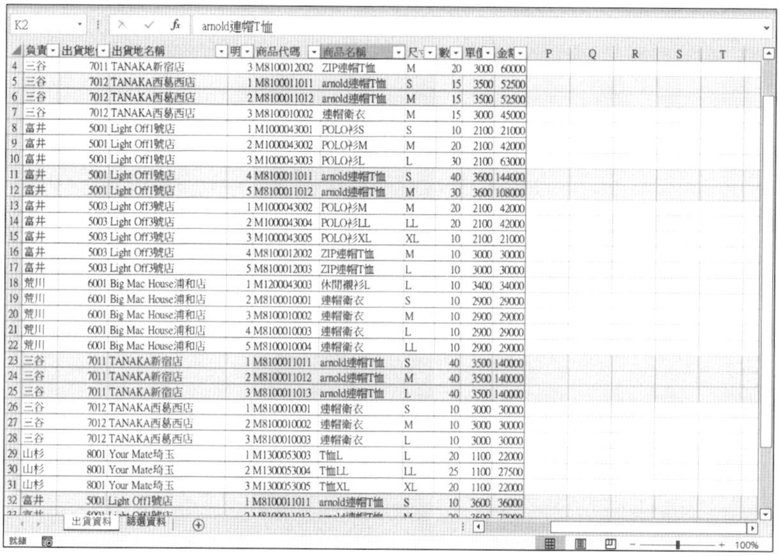

負責	出貨地	出貨地名稱	明	商品代碼	商品名稱	尺寸	數	單價	金額
三谷	7011	TANAKA新宿店	3	M8100012002	ZIP連帽T恤	M	20	3000	60000
三谷	7012	TANAKA西葛西店	1	M8100011011	arnold連帽T恤	S	15	3500	52500
三谷	7012	TANAKA西葛西店	2	M8100011012	arnold連帽T恤	M	15	3500	52500
三谷	7012	TANAKA西葛西店	3	M8100010002	連帽衛衣	M	15	3000	45000
富井	5001	Light Off1號店	1	M1000043001	POLO衫S	S	10	2100	21000
富井	5001	Light Off1號店	2	M1000043002	POLO衫M	M	20	2100	42000
富井	5001	Light Off1號店	3	M1000043003	POLO衫L	L	30	2100	63000
富井	5001	Light Off1號店	4	M8100011011	arnold連帽T恤	S	40	3600	144000
富井	5001	Light Off1號店	5	M8100011012	arnold連帽T恤	M	30	3600	108000
富井	5003	Light Off3號店	1	M1000043002	POLO衫M	M	20	2100	42000
富井	5003	Light Off3號店	2	M1000043004	POLO衫LL	LL	20	2100	42000
富井	5003	Light Off3號店	3	M1000043005	POLO衫XL	XL	10	2100	21000
富井	5003	Light Off3號店	4	M8100012002	ZIP連帽T恤	M	10	3000	30000
富井	5003	Light Off3號店	5	M8100012003	ZIP連帽T恤	L	10	3000	30000
荒川	6001	Big Mac House浦和店	1	M1200043003	休閒褲衫L	L	10	3400	34000
荒川	6001	Big Mac House浦和店	2	M8100010001	連帽衛衣	S	10	2900	29000
荒川	6001	Big Mac House浦和店	3	M8100010002	連帽衛衣	M	10	2900	29000
荒川	6001	Big Mac House浦和店	4	M8100010003	連帽衛衣	L	10	2900	29000
荒川	6001	Big Mac House浦和店	5	M8100010004	連帽衛衣	LL	10	2900	29000
三谷	7011	TANAKA新宿店	1	M8100011011	arnold連帽T恤	S	40	3500	140000
三谷	7011	TANAKA新宿店	2	M8100011012	arnold連帽T恤	M	40	3500	140000
三谷	7011	TANAKA新宿店	3	M8100011013	arnold連帽T恤	L	40	3500	140000
三谷	7012	TANAKA西葛西店	1	M8100010001	連帽衛衣	S	20	3000	30000
三谷	7012	TANAKA西葛西店	2	M8100010002	連帽衛衣	M	10	3000	30000
三谷	7012	TANAKA西葛西店	3	M8100010003	連帽衛衣	L	20	3000	30000
山杉	8001	Your Mate埼玉	1	M1300053003	T恤L	L	20	1100	22000
山杉	8001	Your Mate埼玉	2	M1300053004	T恤LL	LL	25	1100	27500
山杉	8001	Your Mate埼玉	3	M1300053005	T恤XL	XL	10	1100	11000
富井	5001	Light Off1號店	1	M8100011011	arnold連帽T恤	S	10	3600	36000

出貨資料　篩選資料

**圖 3-1　這是原始的出貨資料工作表。為了方便閱讀，
已在要篩選的商品設定背景色**

這次使用了問題拉鏈的商品為 Arnold 連帽 T 恤。雖然只是一項商品，但對椎間服飾而言，是全公司 11 位數的商品代碼其中之一，最後一個位數則代表尺寸。

S尺寸的Arnold會是 M8100011011，M 尺寸的會是 M8100011012、L 尺寸的會是 M8100011013，1 到 10 位數的數字都一樣，第 11 位數的數字則會因為尺寸而不同。所以雖然只是一種商品，但就資料而言，商品代碼會是因為尺寸的不同而有 n 種[*]。

接著，千田岳又注意到出貨日期。

---

[*] n 的意思數量尚未決定，或是不知道有幾個。

千岳：刈田室長原本說只要彙整這項商品在每個出貨地的出貨
數量，但這項商品自 10 月開始出貨後，11 月、12 月也
都有出貨，在連續出貨 3 個月後，應該有些客戶已經請
款了，所以每位客戶的出貨單價也有可能不一樣。

千田岳發現要退款就要彙整金額的資料，所以也做了簡單記錄。

- 商品代碼有很多種。M810001101?[*]
- 除了要彙整出貨數量還要彙整金額。
- 出貨單價會隨著客戶而不同

　　本章要撰寫的是資料篩選處理的程式。為了掌握這個程式的輪
廓，先複習一下該怎麼在 Excel 篩選資料。

在 Excel 篩選，再利用 Python 載入

　　格式完整的 Excel 資料通常會在第 1 列輸入項目名稱，第 2 列之
後則是每個項目的資料。第 1 章曾提過，這種格式的資料可以立刻
當成資料庫操作。如果是從網頁應用程式，就是從網頁伺服器的應
用程式下載有項目名稱的 CSV 檔案，格式通常會滿足前述的條件。

---

[*]　商品代碼結尾處的「？」（問號）是萬用字元。萬用字元就像是撲克牌的鬼牌，可以
扮演任何角色，而這個範例的「？」則有商品代碼的最後一碼可以是任何字元的意思。
另一種萬用字元「＊」（星號）也很常見，但兩者的差異在於，「＊」這個萬用字元代
表的是任意字串（即使沒有字元，也就是長度為零的字串都算在內）。

這次設定的場景先是從企業的網頁銷售管理系統下載 CSV 格式的出貨資料，再轉存為 Excel 活頁簿（.xlsx），進行後續的處理。你可以使用範例程式提供的「出貨資料 .xlsx」，這個檔案就放在範例程式「03」資料夾的「data」資料夾中。

　　請先替文件建立第 3 章專用的作業資料夾，接著再於這個資料夾建立「data」資料夾，然後把這個「出貨資料 .xlsx」複製到這個 data 資料夾之中。接著於 data 資料夾旁邊新增一個「prg」資料夾，以便後續儲存操作這個檔案的程式。之後將以這個資料夾結構作為說明的主軸。

　　接著，回到主題，說明在 Excel 篩選資料的方法。請先點選資料範圍內的任何一個儲存格，再點選「資料」索引標籤，再點選「篩選」按鈕（見圖 3-2）。

圖 3-2　點選「資料」索引標籤的「篩選」

　　接著，要在商品代碼的欄位設定必要的篩選條件。請點選「商品代碼」（儲存格 J1）右下角的下三角形按鈕。此時，還沒套用任何篩選條件，所以所有的商品代碼都會被勾選（見圖 3-3）。

圖 3-3　所有的商品代碼都被勾選

　　要先取消所有勾選，再重新勾選需要的商品代碼，這樣就能篩出需要的出貨資料（見圖 3-4）。

　　不過，這個方法雖然簡單，有時卻得勾選很多次。如果要勾選的商品代碼比這次多很多，就不該使用這種方式。

　　既然先前學過萬用字元，這次不妨在商品代碼的文字篩選輸入 M810001101? 這種帶有萬用字元的篩選條件（見圖 3-5）。

圖 3-4　勾選所有該勾選的商品代碼

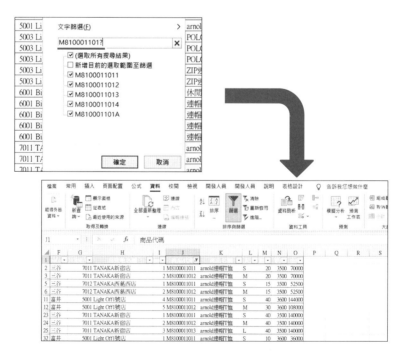

圖 3-5　利用「**M810001101?**」這個篩選條件從資料庫篩選資料

如此一來，就會只顯示符合篩選條件的列。如果先在 Excel 設定篩選條件，再利用 Python 操作篩出的資料，說不定幾行程式就能完成這次的目標。

為了確認這點，先試著撰寫簡短的程式，在 VS Code 輸入程式碼 3-1 的程式再試著執行。

```python
1    import openpyxl
2
3    wb = openpyxl.load_workbook(r"..\data\出貨資料.xlsx")
4    sh = wb.active
5
6    for row in range(2, sh.max_row + 1):
7        print(sh["J" + str(row)].value)
```

程式碼 3-1　載入指定工作表的資料的 read_sheet.py

第 1 章的 merge_print.py 是利用下列的程式碼取得工作表物件。

```python
sh1 = wb[工作表名稱]
```

但這次的「出貨資料.xlsx」只有一張工作表，所以一打開檔案，就會自動使用這唯一的工作表，此時可直接以 wb.active 的語法取得工作表。

取得儲存格值的方法有很多種，例如 merge_print.py 是利用 iter_rows 方法取得每一列的資料，但這次是將 range 函式的第 1 個參數設定為 2，並將第 2 個參數設定為 sh.max_row +1，藉此取得第

2 列至 sh.max_row+1 這個最後一列的資料。

　　sh.max_row 屬性會傳回儲存格範圍之中，輸入資料中的最後一列。一如第 2 章所說明的，當 range 函式的參數設定了起始值與結束值，就會傳回起始值至結束值前一個整數，所以第 2 個參數若設定為 sh.max_row，就會在處理到倒數第 2 列的時候停止。

　　下列是要對 sh.max_row 進行重複執行的具體內容：

```
sh["J" + str(row)].value
```

　　這行程式之中的 row 是當下處理的列編號，結合這個列編號與 J 欄的編號，用以指定工作表的儲存格編號，即可取得該儲存格的 value 屬性。例如，在處理第 12 列的資料時，這部分就會是 sh["J12"].value。

　　不過，要取得儲存格的值有很多方法，例如第 1 章的範例程式（merge_print.py）就使用了不一樣的方法，這在程式設計也是很常見的事。有些方法的程式碼很簡單，有些方法的程式碼則是執行速度比較快。

　　建議剛開始學寫程式時，盡可能挑選簡單易懂的寫法，習慣之後，再使用更簡潔的寫法，或是在需要處理大量資料時，使用以執行速度為優先的寫法，一步步學會這些技巧即可。

　　有機會的話，也請閱讀一些專業書籍，或是試著閱讀網路上的程式碼，加深自己這方面的知識。對程式設計師而言，兼顧「簡潔」與「執行速度」是永遠的難題，所以應該會從書中或網路上的程式碼找到不少相關提示。

　　接著繼續說明程式碼。第 7 行的程式會以 print 函式輸出透過前述程式碼取得的值。

　　這部分會因為第 6 行的程式不斷執行，進而傳回第 2 列至最後一列的值，如此一來，就能取得與輸出儲存格 J1 至儲存格 Jnn（nn 為最後一列）的 J 欄的值。將程式碼儲存為 read_sheet.py 之後，請從「執行」選單點選「執行但不進行偵錯」，試著執行這個程式。

　　不過從輸出的結果（見圖 3-6）可以發現，輸出了全列的商品代碼，而不是從剛剛篩出的列的商品代碼。看來沒辦法直接利用 Python 從工作表讀取經過篩選的結果。

圖 3-6　利用 **read_sheet.py** 輸出商品代碼的結果

　　那麼要不要試著在 Excel 先加工資料呢？把篩出的資料複製到另一張工作表試看看（見圖 3-7）。

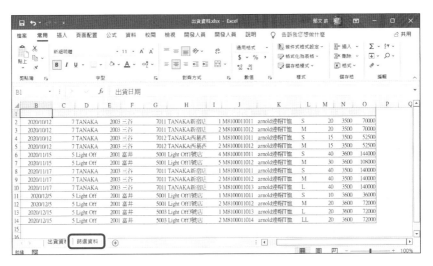

圖 3-7　將篩出的資料複製到新增的工作表

　　加工資料之後，就能透過 Python 取得剛剛篩選的資料。新工作表則命名為「篩選資料」。

將程式改寫成篩選資料的內容

　　由於要處理的工作表已經不一樣，沒辦法再利用 read_sheet.py 處理新增的「篩選資料」工作表。稍微改造一下 read_sheet.py 這個程式，改造後的結果如程式碼 3-2。

```
1    import openpyxl

2

3    wb = openpyxl.load_workbook(r"..\data\出貨資料.xlsx")
```

```
4       sh = wb["篩選資料"]

5

6       for row in range(2, sh.max_row + 1):
7           print(sh["J" + str(row)].value)
```

程式碼 3-2　可處理「篩選資料」工作表的 read_sheet2.py

改寫的只有第 4 行的程式碼。由於「出貨資料 .xlsx」一開始只有 1 張工作表，所以一開啟這個檔案，這張唯一的工作表就會自行啟用，所以也只需要利用下列的程式碼指定即可。

```
sh = wb.active
```

不過，這次新增了「篩選資料」工作表，所以要將前述的程式碼改寫為下列的內容，直接指定要操作的工作表。

```
sh = wb["篩選資料"]
```

除了前述的變動，其餘的部分都沒改變。這個程式會依序輸出篩選資料工作表的 J 欄資料（見圖 3-8）。

這次只顯示了 M8100011011、M8100011012、M8100011013、M8100011014 這四種商品代碼。仿照這次的做法，將篩選的結果複製到另一張工作表或活頁簿，就能只操作以 Excel 篩選的列。

圖 3-8　只顯示符合 **M810001101?** 這個篩選條件的商品代碼

利用 Python 篩選資料

　　如果只需要像這次的情況篩選 1 次，其實在 Excel 進行篩選即可，不過這次其實有不少手動操作的部分，例如使用滑鼠勾選資料，或是手動輸入篩選條件，而且要篩選的商品代碼有可能會很多種，也有可能每天或每週都需要篩選 1 次，這時候手動操作的部分若是太多，就會讓人覺得很麻煩。

　　所以試著利用 Python 的程式篩選資料。最先想到的方法就是利用比較運算子與邏輯運算子 and 進行篩選。根據這個想法撰寫的程式如程式碼 3-3。

```
1    import openpyxl
2
3    wb = openpyxl.load_workbook(r"..\data\出貨資料.xlsx")
4    sh = wb["出貨資料"]
5
6    # 比較範圍
7    for row in range(2, sh.max_row + 1):
8    ├──→if sh["J" + str(row)].value > "M8100011010" and \*
9
10   ├──→├──→sh["J" + str(row)].value <= "M8100011019":
11   ├──→├──→print(sh["J" + str(row)].value)
```

程式碼 3-3　根據特定條件從 Excel 篩選資料的 select_record.py

　　工作表上的商品代碼只有 M8100011011、M8100011012、M8100011013、M8100011014 這四種。雖然只需要篩出這四種，但在撰寫程式的時候，不局限於篩選「這四種」的寫法會比較有效率。

　　那麼具體該怎麼寫呢？

　　就目前的資料來看，M10001101 是最初的商品代碼，後續的商品代碼則都是相同商品，只是尺寸不同，例如 LL 尺寸的 M8100011014 就是最大號的商品，但從商品代碼的體系來看，下一個位數可能是 1～9 的數字，所以若是連同其他的商品也一併考慮，下個位數的數字就有可能會是 1～9 其中一個。因此條件式可寫成下列的內容。

---

*　and 後面的「\」（反斜線）是 Python 的換行符號。乍看之下，程式似乎換行了，但只要加上這個符號，就還是同一行程式碼。

> "M8100011010" and <= "M8100011019"

　　也就是利用邏輯運算子 and（而且）連結原本以比較運算子進行運算的 2 個公式。下面這個部分的程式可以指定 1 個位數比 0 還大的條件：

> "M8100011010"

　　但是若寫成下列這樣的程式碼：

>= "M8100011011"

　　就能設定 1 個位數「大於等於」1 的條件。

　　一旦執行前述的程式，就能指定商品代碼的範圍，再選取商品代碼（見圖 3-9）。

圖 3-9　利用程式篩出 M8100011011 到 M8100011014

　　不過，比較字串的大小再篩選的方法可能讓人有點難以理解。例如，最後一個位數的數字雖然是尺寸，但如果遇到要進一步分類尺寸的商品，1 至 9 的數字可能就不夠用，有可能會出現 M810001101A 這種以英文字母標示尺寸的商品代碼（見圖 3-10），但這種商品代碼無法套用下列的條件，所以也無法篩選，因為 A 不屬於 1 ～ 9 任何一個數字。

```
> "M8100011010" and <= "M8100011019"
```

1	▼	▼	▼	▼	▼	▼	▼	▼
2	三谷	7011 TANAKA新宿店		1 M8100011011	arnold連帽T恤	S	20	
3	三谷	7011 TANAKA新宿店		2 M8100011012	arnold連帽T恤	M	20	
5	三谷	7012 TANAKA西葛西店		1 M8100011011	arnold連帽T恤	S	15	
6	三谷	7012 TANAKA西葛西店		2 M8100011012	arnold連帽T恤	M	15	
11	富井	5001 Light Off1號店		4 M8100011011	arnold連帽T恤	S	40	
12	富井	5001 Light Off1號店		5 M8100011012	arnold連帽T恤	M	30	
23	三谷	7011 TANAKA新宿店		1 M8100011011	arnold連帽T恤	S	40	
24	三谷	7011 TANAKA新宿店		2 M8100011012	arnold連帽T恤	M	40	
25	三谷	7011 TANAKA新宿店		3 M8100011013	arnold連帽T恤	L	40	
32	富井	5001 Light Off1號店		1 M8100011011	arnold連帽T恤	S	10	
33	富井	5001 Light Off1號店			nold連帽T恤	M	20	
36	富井	5003 Light Off3號店		1 M8100011101A	nold連帽T恤	L	20	
37	富井	5003 Light Off3號店		2 M8100011014	arnold連帽T恤	LL	20	

圖 3-10　代表尺寸的數字變成 A 的商品代碼資料庫

　　這時候可以使用 Python 的「切片」功能解決這個問題。切片功能可擷取部分字串再進行比較。若要使用這個切片功能，可以將程式碼改寫成程式碼 3-4 的內容。

```
1     import openpyxl

2

3     wb = openpyxl.load_workbook(r"..\data\出貨資料.xlsx")
4     sh = wb["出貨資料"]

5

6     #切片
7     for row in range(2, sh.max_row + 1):
8     ├──── if sh["J" + str(row)].value[:10] == "M810001101":
9     ├────├──── print(sh["J" + str(row)].value)
```

程式碼 3-4　利用切片篩選的 select_record.py

第 8 行的條件式：

```
sh["J" + str(row)].value[:10]
```

[:10] 的部分就是切片。這種寫法可擷取商品代碼前 10 個
位數的資料，接著再比較這 10 個位數的商品代碼是否等於
「M810001101」。試著執行這個程式。

從結果可以發現，連最後一位數為 A 的商品代碼都篩選出來了
（見圖 3-11）。

圖 3-11　連最後一個位數為 **A** 的商品代碼也一併篩出

操作序列型資料的切片功能

剛剛出現了「切片」這個大家不太熟悉的 Python 語法。「切片」的英語是「slice」，在此想進一步說明切片這項功能，但首先要更了解字串。

在各種資料類型之中，字串（str）類型被歸類為「序列」（sequence）類型。所謂的序列類型就是一堆依序排列的值，而且這類值會直接占用一塊記憶體。

這種序列類型的特徵在於可依序操作每個值，也就是元素，還能透過索引值存取特定的元素。所謂「透過索引值存取」是指透過編號指定元素，藉此取得對應值的過程。

下一章介紹的串列與元組也屬於序列類型。先透過簡單的程式了解操作字串這種序列類型的值的方法，見程式碼 3-5。

```
1    str1 = "welcome"
2    for char1 in str1:
3        print(char1)
```

程式碼 3-5　str_sample.py

第 1 行是將 welcome 這個字串存入為 str1，所以變數 str1 的資料類型在這個時候已經是字串類型。第 2 行的 for 迴圈可以從 str1 依序取出字元，再將取得的字元放入變數 char1，重複直到取得 str1 最後一個字元為止。這就是這個程式的完整內容。

執行這個程式之後，就會依序輸出 w、e、l、c、o、m、e 這七個字元（見圖 3-12）。

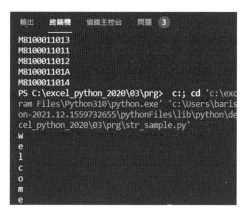

圖 3-12　執行 str_sample.py 後，就會依序輸出 w、e、l、c、o、m、e

除了前述的 welcome，只要是字串，就是字元依序排列的序列類型，所以都可以利用前述的方式依序取得字元。

也可以利用索引值取得字元。試著將 str_sample.py 第 2 行之後的程式碼改寫成下列內容，再取出字元。

```
2    print(str1[0])
3    print(str1[1])
4    print(str1[2])
```

輸出 str[0]、[1]、[2] 之後，會依序顯示 w、e、l 這三個字元（見圖 3-13）。

圖 3-13　依序顯示 w、e、l 這三個字元

除了字串，只要是具有前述性質的序列類型資料，都可以利用切片操作，操作的語法如下：

字串[起始值：結束值：遞增值]

起始值與結束值指定為索引值即可取得局部的字串。起始值與結束值的部分與 for 迴圈的一樣，前者代表取得值的第一個位置，後續則會依序取得元素，直到結束值的前一個元素。

若以 welcome 說明索引值與元素之間的關係，可以整理成下列的表 3-1。

索引值	0	1	2	3	4	5	6
字串	w	e	l	c	o	m	e

表 3-1　字串與索引值之間的關係

要注意，索引值也是從「0」開始。例如：

```
print(str1[1:4])
```

前述程式是以索引值 [1] 為起始值，再連續取得 3 個字元，也就是在結束值[4]之前的位置停止處理，所以會輸出elc這三個字元。此外

```
print(str1[:5])
```

若像前述的程式碼只指定了結束值，就會取得索引值 [0] 至 [4] 這五個字元，也就是取得 welco 這幾個字元。反之：

```
print(str1[5:])
```

　　若只指定起始值，就會取得索引值 [5] 直到最後一個元素的字元，以 welcome 這個字串為例，就是會輸出 me 這個結果。

　　第 3 個參數是遞增值。例如：

```
print(str1[1:4:2])
```

　　如前述的程式碼將遞增值指定為 2，就會先取得索引值 [1] 的值，接著取得間隔 1 格的字元，直到索引值 [4] 前一個字元為止，換言之就是取得第 2 個字元的 e 與第 4 個字元的 c，所以會輸出 ec 這個結果。假設將遞增值如下設定為負數：

```
print(str1[::-1])
```

　　就能在結尾處反過來取得字串，也就是可以取得 emoclew 這樣的字串。

不受代碼結尾限制的篩選處理

　　接下來繼續說明以 Python 篩選資料的程式碼。如果未來有類似的要求，商品代碼的結尾有可能又會改變，所以這次想要將程式改寫成不受代碼結尾限制。

　　這次的程式主要分成幾個部分，一個是從出貨資料 .xslx 檔案篩選出商品代碼前 10 位數與 M810001101 一致的出貨資料，再將這些資料轉存為「已篩選完畢的資料 .xlsx 檔案。下列的程式碼 3-6 可完成前述流程。

```
1    import openpyxl
2
3    wb = openpyxl.load_workbook(r"..\data\出貨資料.xlsx")
                                                 #輸入檔案
4    sh = wb["出貨資料"]
5
6    owb = openpyxl.Workbook() #輸出檔案 已篩選完畢的資料.xlsx
7    osh = owb.active
8    list_row = 1
9    for row in sh.iter_rows():
10       if row[9].value[:10] == "M810001101" or list_row == 1:
11           for cell in row:
12               osh.cell(list_row,cell.col_idx).value =
                                                 cell.value
13
14       list_row += 1  #縮排要是更深一層就糟了！
15
16   owb.save(r"..\data\已篩選完畢的資料.xlsx")
```

程式碼 3-6　data_extract.py

這程式是不是短得很驚人？

前述的程式碼之所以能寫得如此簡潔，要歸功於 Excel 活頁簿的構造及 Python 的語法本來就很精簡。

接下來解說程式碼。

先看第 3 行的程式碼。這部分是以 load_workbook 方法載入「出貨資料 .xslx」，在變數 wb 建立活頁簿物件。第 4 行則是將「出貨資料」工作表存入變數 sh，藉此取得工作表物件。sh 代表載入程式碼的工作表，也就是說對程式而言，「出貨資料 .xlsx」是原始檔案，而「出貨資料」是原始工作表。

接著看第 6 行的程式碼。openpyxl 的 workbook 方法會新增活頁簿，而這裡是將新增的活頁簿存入變數 owb，這也是儲存處理結果的檔案。

新增活頁簿後，就會自動新增 1 張工作表，而這張工作表也理所當然地成為啟用中的工作表，所以只需要使用 active 方法就能選取這張工作表，以及在變數 osh 建立輸出專用的工作表物件。這就是第 7 行程式碼的內容。

第 8 行程式碼將 1 代入變數 list_row。list_row 是為了將資料寫入 osh（輸出專用工作表）所需的列編號變數。

從第 9 行之後，就是依序判斷各列的商品代碼是否符合條件。

第 9 行的程式碼：

```
for row in sh.iter_rows()
```

可以依序從「出貨資料」工作表的 A 欄取得各列儲存格的值，再依序存入變數 row。第 10 行的 if 條件式則可以利用切片判斷商品代碼的前 10 位數是否等於 M810001101。

先在 Excel 觀察原始資料。「商品代碼」儲存在 J 欄。

A 欄的索引值為 [0]，所以 J 欄是 row[9]（見圖 3-14）。在程式裡，會根據這個 row[9] 的值，將前 10 位數與 M810001101 一致的列轉存至輸出專用工作表。這時候會使用邏輯運算子 or 追加輸出條件。

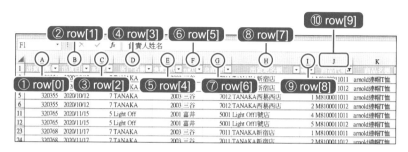

圖 3-14　商品代碼放在 J 欄，所以是第 10 欄，換言之，在 Python 是 row[9]

追加的條件如下：

```
list_row == 1
```

這個條件是為了取得第 1 列的項目名稱。

變數 list_row 為 1，也就是在第 8 行程式初始化 list_row 為 1 之後，list_row 值尚未變動時，程式將會取得第 1 列，也就是項目名稱列，這時候當然也需要依照條件取得，所以才會以 or 撰寫條件。如此一來，才能在商品代碼不為 M810001101 的時候，從輸入資料的工作表取得標題列。

第 11 行程式碼之後的程式，是屬於條件成立後的具體處理。

```
for cell in row
```

這行程式碼會從一列資料中依序取得每個儲存格（cell）的值，

再於下一行程式碼將取得的值轉換成輸出值。

```
osh.cell(list_row,cell.col_idx).value = cell.
                                          value
```

　　仔細觀察這行程式碼。右邊的 cell.value 是從輸入資料工作表的儲存格取得的值，也就是說，右邊的 cell 就是第 11 行 for 迴圈的 cell，value 則是取得的值。

　　左邊則是決定要將取得的值設定為輸出資料工作表（osh）的哪個儲存格的值。這部分的程式碼如下：

```
cell(list_row,cell.col_idx)
```

　　list_row 為列編號，欄編號只須沿用輸入來源的儲存格的欄編號即可。由於這個欄編號是以 cell.col_idx 取得，所以直接寫在輸出位置的欄編號的位置，如此一來，就可以在將取得的儲存格的值轉寫至輸出資料的工作表時，將儲存格的值寫入同一欄中。

　　這次的程式碼會利用這種方式指定位置，再將該指定位置的儲存格設定為 cell.value 這個來源儲存格的值。這項處理會針對每個儲存格進行。

　　資料轉存完畢之後，會透過第 14 行的 list_row +=1 這行程式讓代表輸出位置的列編號變數 list_row 遞增 1，藉此處理下一列資料。

　　最後（第 16 行程式）的 owb.save 方法則會儲存於第 6 行新增的輸出資料工作表。由於這個方法會覆寫檔案，所以不管是不是另外進行篩選處理，都可以不斷執行這個程式。

執行 data_extract.py 之後，會將項目名稱以及商品代碼為
M810001101的商品儲存為「已篩選完畢的資料.xlsx」（見圖3-15）。

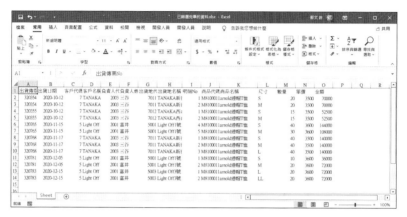

圖 3-15　利用 **data_extract.py** 新增的「**已篩選完畢的資料 .xlsx**」

如果「已篩選完畢的資料 .xlsx」檔案已經開啟，又執行了這次
的程式，就會顯示下列的錯誤訊息：

PermissionError: [Errno 13] Permission denied

這點還請務必注意。

縮排格式的設定會造成哪些不同？

接著介紹縮排格式有多麼重要的範例程式。回想一下，先前提
過縮排格式在 Python 之中是一種語法。

試著調整 data_extract.py 第 14 行程式碼 list_row +=1 的縮排格式。目前這行程式是與第 10 行的 if 條件式呼應。這次要做的實驗是不改變任何程式碼，只讓 list_row+=1 的縮排格式更深一層。

```
 9    for row in sh.iter_rows():
10        if row[9].value[:10] == "M810001101" or list_row == 1:
11            for cell in row:
12                osh.cell(list_row,cell.col_idx).value = cell.
                                                          value
13
14            list_row += 1
```

如此一來，list_row +=1 就會變成第 11 行的 for 迴圈（迴圈處理）的一部分。

此時若是執行程式，list_row 就會在每轉存 1 次儲存格的值時，遞增 1 次，所以輸出位置的列就不斷跟著往下移動（見圖 3-16）。

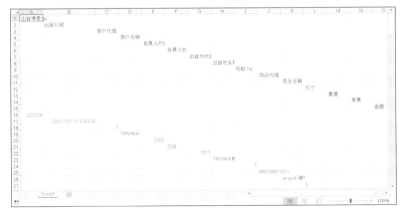

圖 3-16　讓 list_row +=1 的縮排更深一層之後的「已篩選完畢的資料 .xlsx」

就經驗而言，這不會是想透過 Python 程式得到的結果，這也很有可能是因為縮排格式出問題，建議隨時檢查縮排的層級。

千田岳依照約定將篩選結果寄給刈田室長。

致　品質管理室　刈田室長

　　關於這次彙整瑕疵商品出貨量資料已完成。由於不同尺寸的商品各有不同的商品代碼，所以這次以前 10 碼商品代碼為 M810001101 為條件，彙整了相關的商品資料。

　　此外，瑕疵商品的出貨期間橫跨 3 個月，所以收款金額有可能會因請款完畢的部分或客戶而不同。

　　所以連同出貨金額也一併彙整。

　　謹以此信回覆。

自動化推動室　千田岳

刈田室長也立刻回信。

致　自動化推動室　千田室長

　　感謝貴室積極處理。一如所述，之後的確需要處理退款的部分。雖然出貨數依照出貨方分類才方便退貨，但是請款的部分是依照客戶分類，所以出貨金額也請依照客戶分類。

　　萬事拜託。

品質管理室　刈田秋雄

正當千田岳覺得「這麼一來，篩選條件就會變得很複雜了」的時候，麻美跑來跟千田岳搭話。

麻美：千岳室長，有人抱怨將業績傳票轉換成清單再輸出成 CSV 的程式有問題，這是我在業務部的時候寫的程式，對吧？

千田岳：應該是業務 2 課的人在抱怨吧？我現在沒空處理啦！

麻美：可是這件事似乎與現在的工作有關，我先寄給你看。

這類抱怨總是在超級忙的時候接踵而來啊！

致　千田岳

　　感謝之前幫忙開發了將業績傳票轉換成 CSV 的程式，但日期項目的後面都是 0:00:00，這樣看起來很醜耶！

業務 2 課　富井

千田岳：富井課長真的很煩，不過篩選完畢的資料出貨日期也有 0:00:00 這些資料，看起來的確很礙眼。

連這次將出貨資料的日期轉存至篩選資料的活頁簿時，也發生了與轉存業績傳票資料的程式[*]一樣的問題。

出貨資料的日期是以「年／月／日」的格式輸入，但是篩選與轉存後的資料卻變成「年／月／日 時：分：秒」的格式（見圖 3-17、3-18）。於原始資料的出貨資料工作表確認出貨日期儲存格的格式之後，發現分類變成了日期（見圖 3-19）。

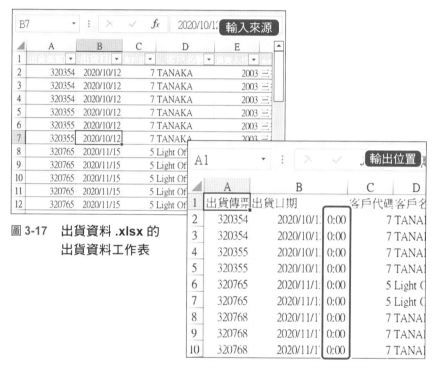

圖 3-17　**出貨資料 .xlsx** 的
　　　　　出貨資料工作表

圖 3-18　已篩選完畢的資料 **.xlsx**

---

* 詳情請參考《【圖解】零基礎入門 Excel×Python 高效工作術》。

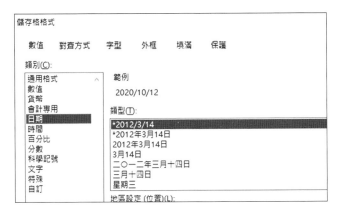

圖 3-19　「出貨資料」工作表「出貨日期」的儲存格格式設定

這是因為 openpyxl 將日期當成 DataTime 類型處理，所以才會加上 0:00:00 這類時間資料。雖然這不算是大問題，但通常不會希望顯示多餘的資料，所以請如下改寫 data_extract.py。主要是在第 12 ~ 14 的程式碼追加下列的 if 條件式：

```
11            for cell in row:
12                if cell.col_idx == 2 and list_row != 1:
13                    osh.cell(list_row,cell.col_idx).value =
                                                cell.value.date()
14                else:
15                    osh.cell(list_row,cell.col_idx).value =
                                                cell.value
```

經過這次的改寫後，即可利用第 12 行的 if 條件式加上 col_idx 為 2，且 list_row 不為 1（!=1）的條件式。如此一來就能設定欄編號為 2 且不是第 1 列的條件。接下來則由第 13 行程式碼進行處理，不過這行程式則有一些變動。比起之前的內容 *，這次等號右邊的結尾處加上了 .data()，如此一來就能利用 data 方法從日期的欄位取得 DataTime 資料類型的日期。

於第 14 行程式碼追加的 else 則是第 10 行的條件不成立時的處理。需要使用 data 方法處理的只有日期欄位，所以其他欄位的處理與之前相同，第 15 行與之前的第 12 行程式碼相同，唯一不同之處在於縮排的層級不一樣了。

請試著執行 data_extract.py。

由圖 3-20 可以發現，出貨日期只剩下日期，沒有時間資料了。請注意，cell 的 col_idx 屬性是從 1，而不是從 0 開始。

圖 3-20　出貨日期變得只有日期

繼續改造日期資料。由於日期資料是 DataTime 資料類型，所以利用 cell.value.year、cell.value.month、cell.value.day 能取得 year 屬性、month 屬性、day 屬性，藉此分別取得年、月、日的資料。

---

* 改寫之前為第 12 行程式碼。

反之，若只想取得時間的資料，可以利用 cell.value.time()。

如果想知道資料的類型，請使用 type(cell.value) 語法。

到目前為止，已經能透過 Python 從 Excel 的清單篩出必要的資料了。下一章要試著替這些資料重新排序。

第 **4** 章

反覆重新排序，
只要改寫2行程式

16 │ 出貨地、日期和金額，都能依序排列

　　本章的主題是排序。先前在第 3 章利用前 10 位數的商品代碼篩出了資料後，要在這一章替這些資料重新排序，以便後續進行其他處理。這次的課題是彙整特定商品在特定期間之內的出貨量，所以排序標準會是出貨地代碼與出貨日期。此外，出貨金額的部分想依照客戶分類，所以希望最後能利用客戶代碼與出貨日期排序資料。

　　在利用 Python 排序之前，先複習一下利用 Excel 排序的方法。本章使用的原始資料是前一章製作的「已篩選完畢的資料 .xlsx」（見圖 4-1）。

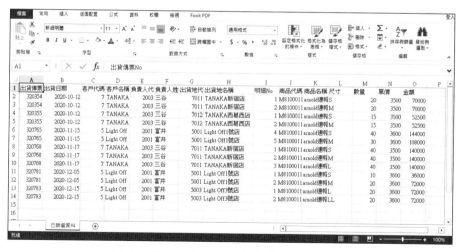

圖 4-1　原始資料存在工作表「已篩選資料」

　　這次是為了方便說明，所以才減少了資料量，請想像成原本有很多資料。

　　第一步要先利用出貨地代碼與出貨日期排序資料，才能知道何時出貨至何處。

　　請先選取整張工作表，接著從「常用」選單（索引標籤）點選「排序與篩選」，再點選「自訂排序」。要選取整張工作表可以點選位於第 1 列第 1 欄左側的 ⊿（三角形符號）[*]（見圖 4-2）。

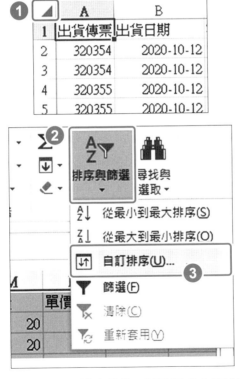

圖 4-2　為了自訂排序條件，請點選「自訂排序」

---

[*] 也可以直接在要排序的範圍內，選取某個儲存格再執行後續的操作。

如此一來，就會自動選出適合排序的資料範圍，還會開啟指定
排序鍵的「排序」視窗。排序鍵可以利用欄的項目名稱指定（見圖
4-3）。

圖 4-3　設定排序條件的「排序」視窗

這次要將「出貨地代碼」指定為最優先的排序鍵。排序對象為
「值」，「順序」則設定為「最小到最大」（見圖 4-4）。

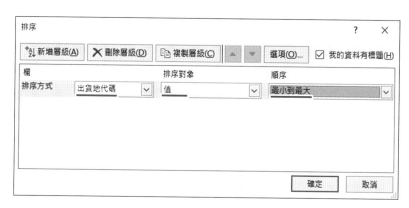

圖 4-4　在「排序方式」選取「出貨地代碼」

接著，點選「新增層級」新增排序鍵。此時可設定「次要排序
方式」。這次的排序標準為「出貨日期」，而「排序對象」依舊是

「值」，「順序」則是「最舊到最新」（見圖 4-5）。

圖 4-5　設定「次要排序方式」作為第 2 個排序條件

　　排序條件設定完成後，點選「確定」，試著以最小到最大的出貨地代碼與最舊到最新的出貨日期排序資料（見圖 4-6）。

圖 4-6　以出貨地代碼與出貨日期重新排序後的情況

　　排序完成後，儲存檔案。之後要在 Python 程式匯入這個檔案。

```
1    import openpyxl
2
3    wb = openpyxl.load_workbook(r"..\data\已篩選完畢的資料.
                                                    xlsx")
4    sh = wb.active
5
6    for row in sh.iter_rows(min_row=2):
7    ┌──→ print("出貨地代碼:{} 出貨日期:{}".format(row[6].value,
                                        row[1].value.date()))
```

程式碼 4-1　**read_sheet.py**

　　read_sheet.py 是從已篩選完畢的資料 .xlsx 載入資料的程式（見程式碼 4-1）。這個程式是以只有 1 張工作表（工作表名稱為「已篩選資料」）為前提撰寫的。

　　到第 4 行的程式碼為止是已經介紹過很多次的內容，也就是載入 OpenPyXL 函式庫，開啟目標檔案與指定要載入的工作表。

　　現在從第 6 行的程式碼開始介紹。for 迴圈裡的 iter_rows 方法將參數 min_row 指定為 2 後，可以從工作表的第 2 列開始載入資料。

　　請看一下第 7 行的 print 函式的參數。這裡有兩個字串置換欄位 {}，利用 data 方法與 row[6].value（因為出貨地代碼位於第 7 欄）與 row[1].vlue.date() 的設定取得出貨日期（第 2 欄），最後再利用 print 函式讓這兩個值同時輸出。

　　依照出貨地代碼與出貨日期輸出資料（見圖 4-7）。如果改寫第 7 行的程式碼，將出貨地代碼改成客戶代碼，就能以同樣的步驟輸出客戶代碼與出貨日期的資料。

圖 4-7　依序輸出出貨地代碼與出貨日期

麻美：這樣的排序不是很完美了嗎？就用這個排序過的資料進
　　　行彙整啦，千岳，刈田室長可是很急著要啊！

千田岳：可是我也想利用 Python 試試看排序。我知道 Excel 也
　　　　能快速排序，但也想試試 Python 能不能更順利排序。

麻美：這樣很吊人胃口耶！

　　該說千田岳是慎重還是優柔寡斷呢？「欲速則不達」這個道理
也可以套用在寫程式上嗎？只要想使用其他的排序鍵，的確每次都
得打開 Excel，開啟同一個檔案，再執行相同的步驟，但千田岳似
乎覺得這樣的做法有些問題，這可能是身為程式設計師的直覺。

利用 Python 重新排序 Excel 資料

　　所以千田岳撰寫了載入原始資料，再利用指定的排序鍵排序資料的 Python 程式。重點在於將原始資料當成字典操作，以及 zip 函式、pprint 方法的內容。先看看程式碼 4-2 的內容，之後再一一解說。

```
1   import openpyxl
2   from pprint import pprint
3   from operator import itemgetter
4
5   wb = openpyxl.load_workbook(r"..\data\已篩選完畢的資料.
                                                   xlsx")
6   sh = wb.active
7
8   # 建立字典的串列
9   shipment_list = []
10  for row in sh.iter_rows():
11      if row[0].row == 1:
12          header_cells = row
13      else:
14          row_dic = {}
15          # zip 取得多個串列元素
16          for k, v in zip(header_cells, row):
17              row_dic[k.value] = v.value
18          shipment_list.append(row_dic)
19
20  pprint(shipment_list, sort_dicts=False)
```

```
21
22   #從這裡開始是後半段的程式碼，主要的功能是排序資料
23   sorted_list_a = sorted(shipment_list, key=itemgetter("出
                             貨地代碼","出貨日期"))
24   pprint(sorted_list_a, sort_dicts=False)
25
26   sorted_list_b = sorted(shipment_list, key=itemgetter("出
                             貨地代碼","出貨日期"))
27   pprint(sorted_list_a, sort_dicts=False)
```

程式碼 4-2　排序資料的 sort_sample.py

　　乍看之下，這個程式碼似乎變得很難對吧？這有可能是因為序列類型的串列（list），以及可迭代物件的字典（dictionary）皆是第一次出現。

　　可迭代（iterable）就是「可反覆」、「可重複」的意思，序列類型的串列、元組與字串都是可迭代的物件。順帶一提，OpenPyXL 的工作表物件有 iter_rows() 這個方法，而這個方法會從工作表「重複」取得 row（列）。這部分會以「iter」標記。

　　你可能已經發現第 2、3 行程式碼的 from pprint import pprint 與 from operator import itemgetter 很陌生，不過後續也會解說。

　　第 5、6 行是開啟指定的活頁簿，再建立工作表物件的程式碼，這部分你應該已經沒有問題了。接著從主要的 for 迴圈開始介紹。建置字典串列是這個程式最重要的部分。

串列、元組、字典

在 for 迴圈之前的 shipment_list = [] 是在初始化 shipment_list 這個串列的部分（見程式碼 4-2 第 9 行）。

串列是操作資料的方法之一，與其他程式設計語言中的「陣列」相似，可以用來呈現 0 個以上元素的排列情況，與同為序列資料類型的字串差在字串資料類型只能儲存字元，但串列卻可以儲存各種資料類型的資料，這也是這次的程式將字典放入串列的原因。

串列需要以中括號的 [] 括住所有元素。

試著將每位客戶的銷售單價製作成串列。即使是同一件商品，不同的客戶有不同的單價，而這些單價都可以存入串列中。例如：

```
sell_price =[3500,3600,3700]
```

前述的語法就是利用逗號來間隔單價這些元素，再以中括號括住所有元素的串列，然後這個串列的名稱為「sell_price」。

shipment_list=[] 的意思是在不知道接下來要放多少個元素，但先在什麼都不放的情況下建立 shipment_list 這個串列。

試著在終端機操作串列。這次先在終端機啟動 python，並製作 2 個串列，最後顯示了串列的內容[*]（見圖 4-8）。

---

[*] 在終端機輸入 python 啟動 python 之後，會看到命令提示字元變成 >>>，這時候就能開始操作串列。如果命令提示字元已經是 >>>，代表已經啟動了 Python。

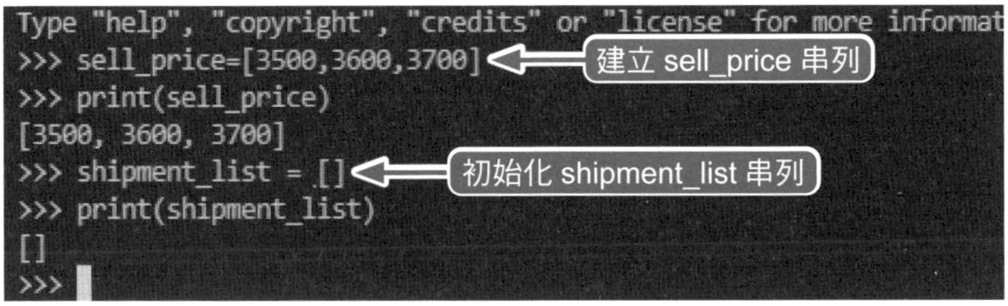

圖 4-8　在終端機建立串列後的情況

　　Python 還有一個資料結構與串列相似的元組（tuple）。元組可如下利用小括號（()）括住所有元素。

```
sell_price =(3500,3600,3700)
```

　　不管是串列還是元素，都可以利用索引編號存取元素，也都能同時儲存各種類型的元素，但兩者的差異在於是否「可變」（mutable）。

　　所謂的「可變」是指建立之後，能否改變元素的意思。串列是可變的，所以可在建立之後刪除或新增元素，但元組是不可變的，所以無法改變元組內的元素。

　　串列與元組都可以透過索引編號存取元素，而串列可使用下列的語法在建立後變更元素的值（見圖 4-9 的①與②）：

```
sell_price[0] = 3400
```

　　反觀對元組執行下列的語法，變更元素的值之後：

```
sell_tuple[0] = 1100
```

就會顯示 TypeError 的錯誤訊息（見圖 4-9 的③與④）。

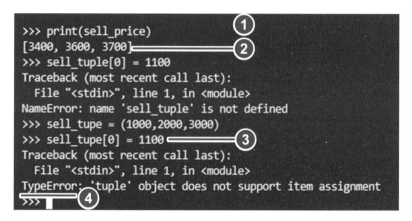

圖 4-9　在終端機改寫串列與元組之後的情況

這就是可變與不可變的差異。

下表 4-1 是串列與元組相同與相異之處。

串列	元組
• 利用中括號（[]）括住所有元素	• 利用小括號（()）括住所有元素
• 每個元素以逗號（,）間隔 　例：data = [1,2,3,4,5]	• 每個元素以逗號（,）間隔 　例：data = (1,2,3,4,5)
• 利用索引編號存取元素 　例：data[2] 可傳回 3	• 利用索引編號存取元素 　例：data[2] 可傳回 3
• 可改寫元素（可變） 　例：data[2]=30	• 不可改寫元素（不可變） 　例：data[2]=30 →顯示錯誤訊息

表 4-1　串列與元組的特點

此外，與串列、元組的使用頻率相當的，是字典這種資料結構。例如，sort_sample.py（見程式碼 4-2）的第 14 行程式碼：

```
        row_dic = {}
```

就是字典的初始化。在其他的程式設計語言裡，字典也被稱為聯想陣列、雜湊表或鍵值對，都是利用成對的鍵與值儲存資料。要存取值的時候可以利用鍵指定值。現在，在終端機確認字典的內容及呼叫字典的方法（見圖 4-10）。

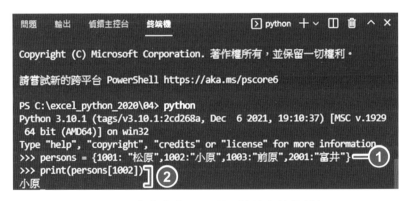

圖 4-10　宣告字典，再利用鍵輸出值的情況

這次在終端機建立了字典類型的資料「persons」，也輸入了 4 名員工的資料，每個員工資料都包含 4 位數字的員工編號與員工姓名（見圖 4-10 的①）。字典可以依照前述的方法記住多組鍵與值，再以鍵取得值（見圖 4-10 的②）。此外，字典是可變的，所以隨時可改寫、新增或刪除元素。下列是字典的各項特徵。

字典（dictionary）

- 是以成對的鍵與值記錄資料
- 利用大括號括住所有元素
- 利用逗號間隔每個元素
  例：persons ={1001:" 松原 ",1002:" 小原 ",1003:" 前原 "}
- 可利用鍵存取元素的值
  例：persons[1002] 會傳回小原
- 可改寫元素（可變）
  例：persons[1002]=" 大原 "

表 4-2　字典的特徵

　　串列、元組、字典都可以是巢狀結構，也就是串列的元素可以是串列，元組的元素可以是元組的多維構造。此外，字典的元素可以是串列，而串列的元素也可以是字典。

操作多個可迭代物件的 zip 函式

　　接著讓人莫名在意的是 zip 函式，對吧？將 zip 函式的參數指定為多個可迭代物件（例如串列、元組、字串），就能組出全新的可迭代物件。

　　例如，sort_sample.py 的第 10 行程式碼：

```
for row in sh.iter_rows():
```

所使用的 iter_rows 方法就能傳回元組的 cell 物件這個元素。第 11
行的 if 條件式則可在 row[0].row 屬性為 1 時，將帶有項目名稱的
row 物件代入變數 header_cells。

此時，header_cells 變數是以帶有項目名稱的 cell 物件為元素的
元組。這次的程式碼沒有輸出 header_cells 的敘述，但讓我們在終
端機輸出看看。由於所有的元素都以小括號括住，所以可知道這是
元組的元素（見圖 4-11）。

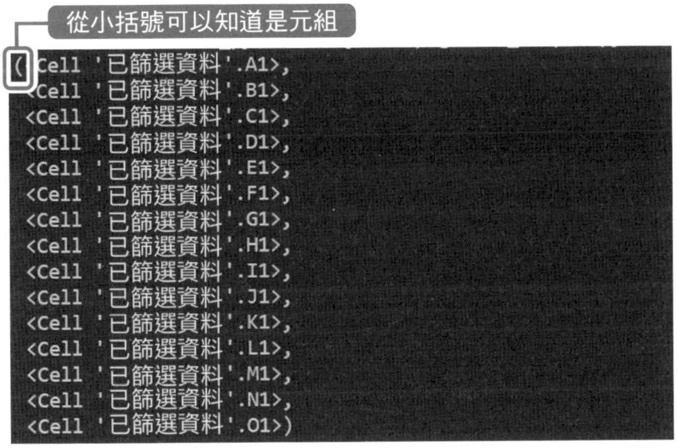

從小括號可以知道是元組

```
(<Cell '已篩選資料'.A1>,
 <Cell '已篩選資料'.B1>,
 <Cell '已篩選資料'.C1>,
 <Cell '已篩選資料'.D1>,
 <Cell '已篩選資料'.E1>,
 <Cell '已篩選資料'.F1>,
 <Cell '已篩選資料'.G1>,
 <Cell '已篩選資料'.H1>,
 <Cell '已篩選資料'.I1>,
 <Cell '已篩選資料'.J1>,
 <Cell '已篩選資料'.K1>,
 <Cell '已篩選資料'.L1>,
 <Cell '已篩選資料'.M1>,
 <Cell '已篩選資料'.N1>,
 <Cell '已篩選資料'.O1>)
```

圖 4-11 **header_cells 是以 cell 物件為元素的元組**

接著，請注意第 16 行的程式碼。

```
            for k, v in zip(header_cells, row):
```

row 是以 cell 物件為元素的元組，而這個 cell 物件儲存了各

199

列的值。這行程式碼會利用 zip 函式將 2 個元組（header_cells 與 row）的元素分別放入變數 k 與 v。之所以這麼做，在於希望在建立字典資料結構中的資料時，能以項目名稱作 key。現在了解一下 row 元素的內容（見圖 4-12）。

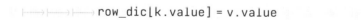

```
(<Cell '已篩選資料'.A4>,
 <Cell '已篩選資料'.B4>,
 <Cell '已篩選資料'.C4>,
 <Cell '已篩選資料'.D4>,
 <Cell '已篩選資料'.E4>,
 <Cell '已篩選資料'.F4>,
 <Cell '已篩選資料'.G4>,
 <Cell '已篩選資料'.H4>,
 <Cell '已篩選資料'.I4>,
 <Cell '已篩選資料'.J4>,
 <Cell '已篩選資料'.K4>,
 <Cell '已篩選資料'.L4>,
```

圖 4-12　row 是以 cell 物件為元素的元組，cell 物件則是各列的值

從第 13 行程式碼後，就是針對原始資料第 2 列之後資料進行處理的程式碼。先看一下第 14 行的程式碼。於第 14 行程式碼初始化的 row_dic 是字典，而將資料寫入這個字典的程式碼在第 17 行：

```
row_dic[k.value] = v.value
```

就能建立以項目名稱為鍵，以各列儲存格內容為值的字典。

也可以利用這種語法，建立單筆資料如下的字典：

```
{'出貨傳票No': 320354, '出貨日期': datetime.datetime(2020, 10,
  12, 0, 0), '客戶代碼': 7, '客戶名稱':'TANAKA', '負責人代碼': 2003,
  '負責人姓名': '三谷', '出貨地代碼': 7011, '出貨地名稱': 'TANAKA新宿
  店', '明細No': 1, '商品代碼': 'M8100011011', '商品名稱': 'arnold連帽
  T恤', '尺寸': 'S', '數量': 20, '單價': 3500, '金額': 70000}
```

　　將字典 row_dic 新增至串列 shipment_list 的程式碼為第 18 行，
用於新增元素的方法為 append。對 shipment_list 執行 append，再將
append 的參數指定為 row_dic，就能將字典新增至串列。由於串列
（此時為 shipment_list）是物件，所以也擁有串列物件皆有的方法
append。

調整可迭代物件格式與輸出內容的 pprint

　　接著透過後續處理的第 2 行程式碼：

```
from pprint import pprint
```

　　從 Python 的標準函式庫 pprint 模組載入 pprint 函式。
　　pprint 函式可以整理串列或字典這類可迭代物件的格式，再輸
出內容。之所以不會只寫成：

```
import pprint
```

　　而是會與 from 搭配再載入，才不用每次執行 pprint 函式都寫成下列的語法。

```
pprint.pprint()
```

　　追加 from import 的敘述後，就能如第 20 行的程式碼使用 pprint。

```
pprint(shipment_list, sort_dicts=False)
```

　　將 pprint 函式的第 2 個參數 sort_dicts 設定為 False，是希望不要利用鍵重新排序字典。

　　設定為 sort_dicts=True 或是省略這部分設定，就會依照鍵的字元順序排序資料，反之，若設定為 sort_dicts=False，就會依照資料新增至字典的順序顯示資料，所以在以這次的方法操作 Excel 資料時，就能知道原始資料的順序[*]。

　　利用 pprint 函式輸出項目名稱與值以字典的方式新增元素的 shipment_list 後，螢幕將顯示下列的內容。

```
[ {'出貨傳票No': 320354,
  '出貨日期': datetime.datetime(2020, 10, 12, 0, 0),
  '客戶代碼': 7,
```

----

[*]　字典中鍵值對的存取在 Python 3.7 之後才有維持存放順序的。所以 pprint 中 sort_dicts 的設定一直要到 Python 3.8 之後才支援，所以在撰寫程式時，務必確認使用的 Python 版本。

```
 '客戶名稱': 'TANAKA',
 '負責人代碼': 2003,
 '負責人姓名': '三谷',
 '出貨地代碼': 7011,
 '出貨地名稱': 'TANAKA新宿店',
 '明細No': 1,
 '商品代碼': 'M8100011011',
 '商品名稱': 'arnold連帽T恤',
 '尺寸': 'S',
 '數量': 20,
 '單價': 3500,
 '金額': 70000},
{'出貨傳票No': 320354,
 '出貨日期': datetime.datetime(2020, 10, 12, 0, 0),
 '客戶代碼': 7,
 '客戶名稱': 'TANAKA',
 '負責人代碼': 2003,
 '負責人姓名': '三谷',
 '出貨地代碼': 7011,
 '出貨地名稱': 'TANAKA新宿店',
 '明細No': 2,
 '商品代碼': 'M8100011012',
 '商品名稱': 'arnold連帽T恤',
 '尺寸': 'M',
 '數量': 20,
 '單價': 3500,
 '金額': 70000},
```

```
            ⋮
（中間省略）
            ⋮
{'出貨傳票No': 320783,
'出貨日期': datetime.datetime(2020, 12, 15, 0, 0),
'客戶代碼': 5,
'客戶名稱': 'Light Off',
'負責人代碼': 2001,
'負責人姓名': '富井',
'出貨地代碼': 5003,
'出貨地名稱': 'Light Off3號店',
'明細No': 2,
'商品代碼': 'M8100011014',
'商品名稱': 'arnold連帽T恤',
'尺寸': 'LL',
'數量': 20,
'單價': 3600,
'金額': 72000}]
```

依照前述的方法以 pprint 函式輸出字典，就能發現字典是依照
工作表的列順序新增至串列。

串列的方法

接著稍微了解一下串列的方法。若能自由地使用串列與字典，
就不再是 Python 初學者了。串列可以利用表 4-3 的方法操作。

append 方法	在串列結尾處新增值
insert 方法	在串列的指定位置新增值
del 命令	刪除串列裡的特定元素
pop 方法	刪除串列裡的特定元素
index 方法	找到串列裡的特定元素，再傳回對應的索引值
sort 方法	排序串列元素
reverse 方法	顛倒串列的排列順序
copy 方法	複製串列

表 4-3　串列的主要方法

在範例程式執行的 append 方法，就是在串列結尾處新增元素的方法。試著在終端機建立串列，再於該串列新增元素。當終端機的命令提示字元變成 >>> 之後，請輸入：

```
>>> sell_price = [3500,3600,3700]
```

建立串列 sell_price。接著對這個串列執行 append 方法，在串列的結尾處追加 3800。

```
>>> sell_price.append(3800)
```

如此一來，就能將 3800 新增為 sell_price 的第 4 個元素。試著利用 print 顯示這個串列的內容，看看是不是真的新增成功。

```
>>> print(sell_price)
[3500, 3600, 3700, 3800]
```

　　的確在結尾處新增 3800 這個元素了（見圖 4-13）。重新看一下這一連串的處理。

```
>>> sell_price=[3500,3600,3700]
>>> sell_price.append(3800)
>>> print(sell_price)
[3500, 3600, 3700, 3800]
>>> 
```

圖 4-13　利用 append 在 sell_price 串列新增 3800 後的情況

　　insert 方法也是很常使用的方法，主要是在指定的位置新增元素。試著在前述的處理完成後，追加 3560 為第 2 個元素（見圖 4-14）。

```
>>> print(sell_price)
[3500, 3600, 3700, 3800]
>>> sell_price.insert(1,3560)
>>> print(sell_price)
[3500, 3560, 3600, 3700, 3800]
>>> 
```

圖 4-14　insert 方法可將元素插入指定位置

　　insert 方法可指定插入的位置與元素。將位置設定為 1 代表在索引值 [0] 的元素之後，也就是第 2 個位置新增 3560。

　　接著要介紹的是 del 命令。只有 del 不是方法，是 Python 原有的命令。由於不是方法，所以不會寫成「物件名稱 . 方法名稱」，

也不需要函式的 ()。

這次執行的是下列的命令：

```
del sell_price[1]
```

如此一來，就能刪除串列 sell_price 的第 2 個元素（索引編號為 1）
（見圖 4-15）。

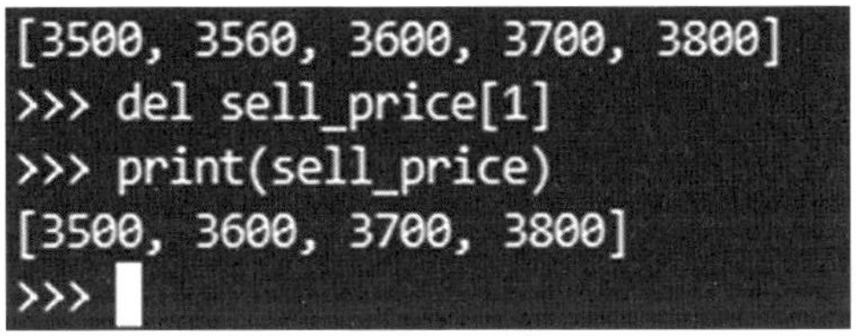

```
[3500, 3560, 3600, 3700, 3800]
>>> del sell_price[1]
>>> print(sell_price)
[3500, 3600, 3700, 3800]
>>>
```

圖 4-15　執行 del 命令之後的情況

與 del 一樣能刪除元素的是 pop 方法（見圖 4-16）。

```
[3500, 3560, 3600, 3700, 3800]
>>> sell_price.pop(0)
3500
>>> print(sell_price)
[3600, 3700, 3800]
>>>
```

圖 4-16　利用 pop 方法刪除第 1 個元素

如圖 4-16 所示，pop 方法也可以指定索引值再刪除對應的元素。
如果是 sell_price.pop() 這種不指定索引值的寫法，則會刪除最後一
個元素。

接著看看其他常用的方法。

index 方法可以傳回索引值，很適合用來查詢特定值在串列之中的索引（見圖 4-17）。

```
[3600, 3700, 3800]
>>> print(sell_price.index(3800))
2
>>>
```

圖 4-17　利用 index 方法取得特定值的索引編號

3800 這個值對應的是 2 這個索引值。假設串列之中有多個相同的值，就會傳回找到的第 1 個值的索引值。

sort 方法可以排序串列元素（見圖 4-18）。

```
>>> sell_price = [1000,1200,1100,900]
>>> print(sell_price)
[1000, 1200, 1100, 900]
>>> sell_price.sort()
>>> print(sell_price)
[900, 1000, 1100, 1200]
```

圖 4-18　利用 sort 方法排序後，元素就依照升冪的順序排列

進一步介紹 sort 方法。請先利用下列的程式碼建立一個新的 sell_price 串列。

```
>>> sell_price = [1000,1200,1100,900]
```

此時的元素並未經過排序。如果執行下列的程式碼：

```
>>> sell_price.sort()
```

利用 sort 方法替這個串列重新排序：

```
[900, 1000, 1100, 1200]
```

sell_price 串列的元素就會如上以升冪的順序重新排序。

若將程式碼寫成 sell_price.sort(reverse=True)，將參數 reverse 設定為 True，即可改以降冪的順序排序（見圖 4-19）。

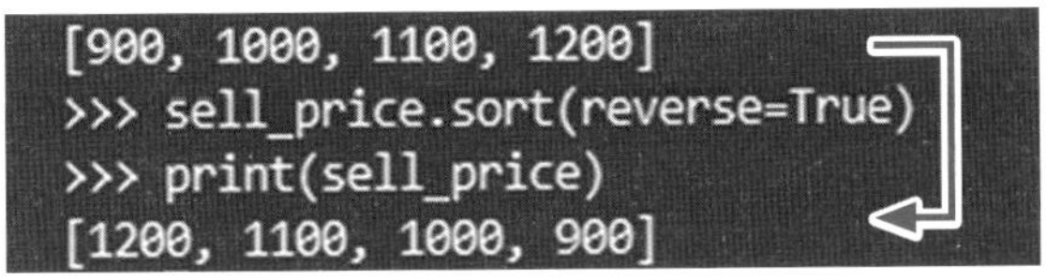

圖 4-19　將 **sort** 方法的參數 **reverse** 設定為 **True**，
就能以降冪的順序排序元素

其實串列也有 reverse 方法，但與 sort 方法的 reverse 有些不同，是直接顛倒目前順序的方法（見圖 4-20）。

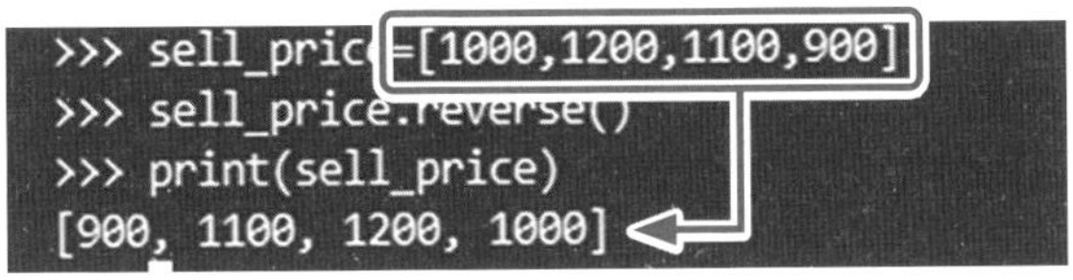

圖 4-20　**reverse** 方法只是讓串列的元素倒過來排列

想要複製串列時，可使用 copy 方法（見圖 4-21）。

```
[900, 1100, 1200, 1000]
>>> new_price = sell_price.copy()
>>> print(new_price)
[900, 1100, 1200, 1000]
```

圖 4-21　可使用 **copy** 方法複製串列

具體的使用方法如下：

```
new_price = sell_price.copy()
```

可以利用將右邊的值代入左邊的變數，建立串列的副本。

重新排序的程式碼

現在繼續解說 sort_sample.py 的後半段程式碼，下列是還沒說明的程式碼。

```
22  #從這裡開始是後半段的程式碼，主要的功能是排序資料
23  sorted_list_a = sorted(shipment_list, key=itemgetter("出
                                  貨地代碼", "出貨日期"))
24  pprint(sorted_list_a, sort_dicts=False)
25
26  sorted_list_b = sorted(shipment_list, key=itemgetter("出
                                  貨地代碼", "出貨日期"))
```

```
27  pprint(sorted_list_a, sort_dicts=False)
```

第 23 行程式碼的排序處理，是透過 sorted 函式排序取得的串列元素。由於這個串列的元素是字典，所以正確來說，是替串列之中的字典重新排序。

sorted 函式可以排序串列、字典、元組這類資料。sort 方法會讓本身就是物件的串列重新排序，但 sorted 函式則可以在不變更串列的情況下，傳回排序完成的新串列。

這一行的程式碼使用了於第 3 行載入的 itemgetter。

```
3   from operator import itemgetter
```

sorted 函式的參數可依序指定可迭代物件、key 與 reverse，但如果使用 itemgetter 則可直接將字典的鍵指定為排序方式。因此寫成下列的程式碼之後，就能將出貨地代碼當成第 1 個排序鍵，再將出貨日期當成第 2 個排序列。

```
sorted(shipment_list, key=itemgetter("出貨地代碼", "出貨日
                                              期"))
```

確認一下截至目前的處理：

```
23  sorted_list_a = sorted(shipment_list, key=itemgetter("出
                                    貨地代碼", "出貨日期"))
24  pprint(sorted_list_a, sort_dicts=False)
```

前述 2 行程式的處理結果如下：

[{'出貨傳票No': 320765,
 '出貨日期': datetime.datetime(2020, 11, 15, 0, 0),
 '客戶代碼': 5,
 '客戶名稱': 'Light Off',
 '負責人代碼': 2001,
 '負責人姓名': '富井',
 '出貨地代碼': 5001,
 '出貨地名稱': 'Light Off1號店',
 '明細No': 4,
 '商品代碼': 'M8100011011',
 '商品名稱': 'arnold連帽T恤',
 '尺寸': 'S',
 '數量': 40,
 '單價': 3600,
 '金額': 144000},
{'出貨傳票No': 320765,
 '出貨日期': datetime.datetime(2020, 11, 15, 0, 0),
 '客戶代碼': 5,
 '客戶名稱': 'Light Off',
 '負責人代碼': 2001,
 '負責人姓名': '富井',
 '出貨地代碼': 5001,
 '出貨地名稱': 'Light Off1號店',
 '明細No': 5,
 '商品代碼': 'M8100011012',

‘商品名稱’: ‘arnold連帽T恤’,

‘尺寸’: ‘M’,

‘數量’: 30,

‘單價’: 3600,

‘金額’: 108000},

{‘出貨傳票No’: 320781,

‘出貨日期’: datetime.datetime(2020, 12, 5, 0, 0),

‘客戶代碼’: 5,

‘客戶名稱’: ‘Light Off’,

‘負責人代碼’: 2001,

‘負責人姓名’: ‘富井’,

‘出貨地代碼’: 5001,

‘出貨地名稱’: ‘Light Off1號店’,

‘明細No’: 1,

‘商品代碼’: ‘M8100011011’,

‘商品名稱’: ‘arnold連帽T恤’,

‘尺寸’: ‘S’,

‘數量’: 10,

‘單價’: 3600,

‘金額’: 36000},

  ⋮

(中間省略)

  ⋮

{‘出貨傳票No’: 320355,

‘出貨日期’: datetime.datetime(2020, 10, 12, 0, 0),

‘客戶代碼’: 7,

‘客戶名稱’: ‘TANAKA’,

‘負責人代碼’: 2003,

```
    '負責人姓名': '三谷',
    '出貨地代碼': 7012,
    '出貨地名稱': 'TANAKA西葛西店',
    '明細No': 2,
    '商品代碼': 'M8100011012',
    '商品名稱': 'arnold連帽T恤',
    '尺寸': 'M',
    '數量': 15,
    '單價': 3500,
    '金額': 52500}]
```

從前述的資料可以發現，串列中的資料先以出貨地代碼排序，才用出貨日期排序。

試著將這個程式改成以出貨地代碼、出貨日期的順序排序資料。根據前 2 行的程式，想一下該改寫哪些部分。

沒有想像中困難，對吧？只是變更 itemgetter 的參數所指定的項目名稱而已。換言之，可以寫成下列的內容：

```
26   sorted_list_b = sorted(shipment_list, key=itemgetter("出
                                        貨地代碼", "出貨日期"))
27   pprint(sorted_list_b, sort_dicts=False)
```

利用這個程式碼重新排序之後，可得到下列的結果：

```
[{'出貨傳票No': 320765,
 '出貨日期': datetime.datetime(2020, 11, 15, 0, 0),
```

```
'客戶代碼': 5,
'客戶名稱': 'Light Off',
'負責人代碼': 2001,
'負責人姓名': '富井',
'出貨地代碼': 5001,
'出貨地名稱': 'Light Off1號店',
'明細No': 4,
'商品代碼': 'M8100011011',
'商品名稱': 'arnold連帽T恤',
'尺寸': 'S',
'數量': 40,
'單價': 3600,
'金額': 144000},
{'出貨傳票No': 320765,
'出貨日期': datetime.datetime(2020, 11, 15, 0, 0),
'客戶代碼': 5,
'客戶名稱': 'Light Off',
'負責人代碼': 2001,
'負責人姓名': '富井',
'出貨地代碼': 5001,
'出貨地名稱': 'Light Off1號店',
'明細No': 5,
'商品代碼': 'M8100011012',
'商品名稱': 'arnold連帽T恤',
'尺寸': 'M',
'數量': 30,
'單價': 3600,
'金額': 108000},
```

⋮

（中間省略）

⋮

```
{'出貨傳票No': 320354,
 '出貨日期': datetime.datetime(2020, 10, 12, 0, 0),
 '客戶代碼': 7,
 '客戶名稱': 'TANAKA',
 '負責人代碼': 2003,
 '負責人姓名': '三谷',
 '出貨地代碼': 7011,
 '出貨地名稱': 'TANAKA新宿店',
 '明細No': 1,
 '商品代碼': 'M8100011011',
 '商品名稱': 'arnold連帽T恤',
 '尺寸': 'S',
 '數量': 20,
 '單價': 3500,
 '金額': 70000},
```

⋮

（中間省略）

⋮

```
{'出貨傳票No': 320768,
 '出貨日期': datetime.datetime(2020, 11, 17, 0, 0),
 '客戶代碼': 7,
 '客戶名稱': 'TANAKA',
 '負責人代碼': 2003,
 '負責人姓名': '三谷',
 '出貨地代碼': 7011,
```

‘出貨地名稱’: ‘TANAKA新宿店’,
‘明細No’: 3,
‘商品代碼’: ‘M8100011013’,
‘商品名稱’: ‘arnold連帽T恤’,
‘尺寸’: ‘L’,
‘數量’: 40,
‘單價’: 3500,
‘金額’: 140000},

　　從前述的資料可以發現，的確是先以出貨地代碼排序，再以出貨日期排序。

　　如果 Excel 的資料是可辨識的資料表格式，Excel 就能快速排序，排序完成後，只要先儲存成檔案，就能在不改動順序的情況下，在 Python 程式載入與使用。

　　不過，利用程式排序的好處在於，只要將儲存了字典的串列放進記憶體，就能利用不同的排序鍵不斷重複排序。

　　如果是單次的作業，的確可利用 Excel 取代 Python 排序就好，但如果是像這次需要利用不同的排序鍵排序的作業，就得每次重新設定排序鍵，要是排序的條件也很多的話，光是排序就會耗費不少時間。反觀 Python 只需要改寫 2 行程式的某些部分，就能隨時以不同的排序鍵排序。

使用 Mac 的注意事項

在好不容易寫好排序的程式，正準備鬆一口氣的時候，突然傳來「程式的問題」的訊息。

麻美：千岳，商品開發室的但馬先生寄了一封信來，說是前幾天收到的 Python 程式在 Mac 執行之後，出現了 FileNotFoundError 的警告訊息。

容我重申一次，椎間服飾已有不少人採用遠端工作這種新時代的工作方式，所以就算是上班時間，哪怕部門就在隔壁，都會先寄封信聯絡，不會直接拜訪對方的部門。

千田岳：啊，對喔！但馬先生負責的是設計，所以使用的是 Mac，該不會他自己建立了執行環境嗎？可是我們部門沒有 Mac 電腦，沒辦法驗證程式能否正常執行耶！

麻美：Mac 會有什麼問題嗎？

千田岳：就是作業系統不一樣，所以會有很多地方與 Windows 有出入。妳先回封信告訴但馬先生，我們部門沒有 Mac 所以沒辦法驗證程式能否正常執行。

麻美：可是但馬先生是帥大叔耶！千岳，幫他一下啦！

千田岳：這和帥不帥沒有關係啦！

麻美：但馬先生的信還有下文，說是經過檢查後，發現開啟或
　　　參考資料夾與檔案的時候會顯示錯誤訊息。但馬先生果
　　　然是很帥的大叔啊！

千田岳：就說跟帥不帥沒什麼關係了。我知道了啦，我會試著
　　　　解決問題！

如果你也像但馬先生一樣是個設計師，或是個程式設計師，抑
或想認真地學寫程式，通常會使用 Mac 電腦，反之，大部分的上班
族都是使用 Windows 電腦。

所以在撰寫指定檔案的敘述之際，就必須兼顧作業系統的差異。
例如：

```
wb = openpyxl.load_workbook(r"..\data\sample.xlsx")
```

這種開啟活頁簿的程式碼一定會用到「..\data\sample.xlsx」這
種敘述，對吧？本書預設的環境是 Windows 系統，所以用來分隔資
料夾以及檔案的字元*會是反斜線（\），但 Mac 或 Linux 卻是利用
斜線（/）切割路徑。

因此，若在 Mac 或 Linux 執行 Windows 版的程式，就會顯示
下列的警告訊息。

---

* 這種字元有時也稱為「路徑分隔字元」。

```
FileNotFoundError: [Error 2]No such file or
directory:
```

請參考圖 4-22 的①。

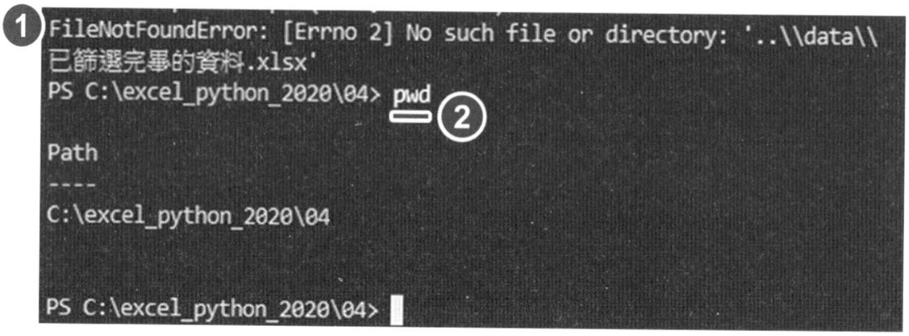

圖 4-22　在 Mac 會發生錯誤，所以先以 pwd 命令確認目前目錄的情況

如果使用的是 Mac 系統，將「..\data\sample.xlsx"的反斜線換成 ../data/sample.xlsx" 這種「斜線」的敘述，就能順利執行程式。

Mac 的相對路徑也是以相同的方式設定之外，路徑之中也可以摻雜中文的目錄。目前的目錄可於終端機輸入 pwd 命令確認（見圖 4-22 的②）。

千田岳：如果只是路徑分隔字元有問題的話，只要搜尋一下就
　　　　能找到答案，但很難知道程式到底能支援多少種執行
　　　　環境，因為 Mac 的 Linux 也有很多種，很難全部測過
　　　　一遍。

麻美：原來如此，很難決定程式該支援哪種環境啊！

第 **5** 章

完成各項彙整，
一次節省大量時間

我們於第 4 章用前 10 位數的商品代碼從 Excel 活頁簿（已篩選完畢的資料 .xlsx）工作表載入所有列，再讓每列的每個欄與項目名稱組成鍵值對，藉此將每一列的資訊建立成字典，然後再以字典為單位，將各列的資料新增至串列。現在實際看看取得的資料：

```
{'出貨傳票No': 320354,'出貨日期': datetime.datetime(2020, 10,
12, 0, 0),'客戶代碼': 7,'客戶名稱': 'TANAKA','負責人代碼': 2003,'負
責人姓名': '三谷','出貨地代碼': 7011,'出貨地名稱': 'TANAKA新宿店',
'明細No': 1,'商品代碼': 'M8100011011','商品名稱': 'arnold連帽T恤',
'尺寸': 'S','數量': 20,'單價': 3500,'金額': 70000}
```

這就是將一整列的儲存格以項目名稱 + 儲存格值的組合轉存之後的資料。工作表裡的每一列資料都以這種格式新增至串列，所以這時候的串列應該是以前述的格式占用電腦的記憶體。

```
[{1列分的鍵值對},{1列分的鍵值對},{1列分的鍵值對},……]
```

將這個串列指定為 sorted 函式的第 1 個參數，再將第 2 個參數指定為 key==itemgetter(" 出貨地代碼 "," 出貨日期 ")，就能傳回以出貨地代碼為第 1 排序鍵以及以出貨日期為第 2 排序鍵的排序結果。這就是前一章的程式碼的內容。

這一章開始，要彙整出貨數量與出貨金額的資料。第一步先彙整出貨數量。

17 | 彙整出貨數量

先把主題拉回第 3 章，重新回顧一下這個程式的主要目的。回想一下，這次因為發現了商品有瑕疵，必須知道每個出貨地的每項商品出貨量，才能順利回收商品，所以才著手開發程式。

雖然只有一種商品的拉鏈頭會脆化，但只要尺寸不同，就是不同商品代碼的資料。具體來說，商品代碼共有 11 位數，而最後一個位數與尺寸對應，要知道各種尺寸的出貨量，就必須將商品代碼當成排序鍵之外，若要依序時間順序排列商品，還必須將出貨日期設定為第 3 個排序鍵。

換言之，在彙整資料前，必須先利用下列的程式排序資料：

```
sorted(shipment_list, key=itemgetter("出貨地代碼", "商品代碼",
    "出貨日期"))
```

程式設計師通常會將這類用於排序的鍵稱為排序鍵。

雖然很想立刻著手撰寫後續的程式，但一開始就將每筆出貨地代碼的資料轉存至其他工作表，再以商品代碼彙整數量的程式碼會很複雜，可能會有人不知道該怎麼寫。遇到這種情況時，建議大家先將整個程式拆成幾個大部分，再依序撰寫這些部分的程式，最後再將這些程式組裝起來。

　　因此要把依照出貨地分類的部分擺到後面再處理，先撰寫以商品代碼彙整數量的程式。這個程式會使用「Key Break」這種程式設計技巧，但不熟悉的人或許會覺得很難，所以先跳過彙整的部分，直接撰寫轉存至輸出工作表的處理，之後再發展成 Key Break 彙整的處理。

　　再看一下第 4 章新增的已篩選完畢的資料（見圖 5-1）。

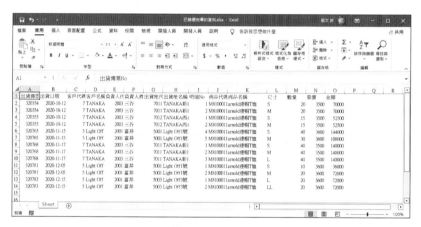

圖 5-1　「已篩選資料」工作表

　　首先，根據前述的資料撰寫了下列程式碼 5-1：

```
1    import openpyxl
2    from operator import itemgetter
3
4    wb = openpyxl.load_workbook(r"..\data\已篩選完畢的資料.
                                          xlsx")
```

```
 5    sh = wb.active
 6
 7    #建立字典的串列
 8    shipment_list = []
 9    for row in sh.iter_rows():
10    ┊───→ if row[0].row == 1:
11    ┊───→┊───→ header_cells = row
12    ┊───→ else:
13    ┊───→┊───→ row_dic = {}
14    ┊───→┊───→ # zip 取得多個串列元素
15    ┊───→┊───→ for k, v in zip(header_cells, row):
16    ┊───→┊───→┊───→ row_dic[k.value] = v.value
17    ┊───→┊───→ shipment_list.append(row_dic)
18
19    #先建立依照商品代碼分類的彙整表
20    sorted_list_a = sorted(shipment_list, key=itemgetter
                                      ("商品代碼","出貨日期"))
21
22    owb = openpyxl.Workbook() #輸出檔案 出貨數量彙整表.xlsx
23    osh = owb.active
24    osh.title = "各商品代碼數量"
25    list_row = 1
26
27    osh.cell(list_row,1).value = "商品代碼"
28    osh.cell(list_row,2).value = "日期"
29    osh.cell(list_row,3).value = "商品名稱"
30    osh.cell(list_row,4).value = "尺寸"
31    osh.cell(list_row,5).value = "數量"
```

```
32    osh.cell(list_row,6).value = "合計"

33

34    for dic in sorted_list_a:
35    ├──→ list_row += 1
36    ├──→ osh.cell(list_row,1).value = dic["商品代碼"]
37    ├──→ osh.cell(list_row,2).value = dic["出貨日期"].date()
38    ├──→ osh.cell(list_row,3).value = dic["商品名稱"]
39    ├──→ osh.cell(list_row,4).value = dic["尺寸"]
40    ├──→ osh.cell(list_row,5).value = dic["數量"]
41

42    owb.save(r"..\data\出貨數量彙整表.xlsx")
```

程式碼 5-1　sum_quantity1.py

前述的程式會將「已篩選完畢的資料 .xlsx」的「已篩選資料」
工作表的內容依照前述的說明，以字典為單位儲存為串列，再將這
些串列轉存為「出貨數量彙整 .xlsx」。

前述的程式雖然有點長，但都是介紹過的內容，只是依照資料
重新改寫之前的程式碼。到第 5 行為止的部分是載入函式庫，開啟
原始檔案，指定存有目標資料的工作表。後續則是建立字典，以及
將字典放進串列的處理（第 8 ～ 20 行程式），這部分請參考前一章
的說明。

接著，從轉存串列（以字典為元素的串列）的部分開始介紹。

第 22 行的程式碼以 openpyxl.Workbook() 新增活頁簿物件，接
著再利用 owb.active 選擇自動新增的工作表（見程式碼 5-1 第 23
行），然後利用「osh.title = " 各商品代碼數量 "」這行程式將「各

商品代碼數量」這個字串指定給標題屬性（第 24 行），如此一來，
就能替工作表命名（見圖 5-2）。

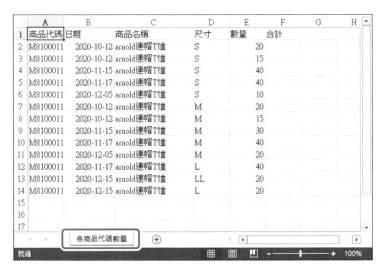

圖 5-2　最終輸出的檔案的工作表名稱

　　第 25 ～ 32 行的程式碼會根據「商品代碼」將項目名稱依序至
轉存位置的工作表第 1 列的 A1、B1、C1，讓該工作表的第 1 列為
項目名稱列。

　　第 34 行的迴圈則會使用於第 20 行程式碼定義的變數 sorted_
list_a。如此一來，就能以「商品代碼」（最優先的排序鍵）、「出
貨日期」（次優先的排序鍵）排序的資料。

```
for dic in sorted_list_a:
```

前述的程式碼可從排序完成的資料「sorted_list_a」串列依序取

得 1 個字典，再存入變數 dic 中。

進入迴圈之後，先讓要轉存的位置移動至下一列（第 35 行程式碼），之後再將工作表第 2 列之後的資料逐列存入工作表。

取得與轉存資料的處理為第 36 ～ 40 行的程式碼。利用 dic[鍵名] 的方式根據「商品代碼」、「出貨日期」、「商品名稱」、「尺寸」、「數量」、「合計」這些鍵的名稱從變數 dic 取得對應的值（各行程式碼等號的右側）。

接著，將這些值當成儲存格物件的值，依序從各列左側的儲存格開始寫入（各行程式碼等號的左側），如此一來，就能排序原始資料，選取必要的項目，再將資料轉存至「各商品代碼數量」工作表（已經先在第 24 行程式碼替工作表命名了）。

最後，再利用 owb.save() 這個活頁簿的 save 方法，將第 22 行程式碼開啟的新活頁簿儲存為「出貨數量彙整表 .xlsx」，而這個新的活頁簿一樣會放在 data 目錄裡。以上就是開發彙整程式的第一階段。

將排序升級為彙整

接著，將前述的處理升級為彙整數量的處理。以商品代碼控制程式流程，也就是將商品代碼當成彙整鍵的話，就能將每個商品代碼的數量寫入合計欄。

所謂的「Key Break」就是出現與之前匯入的鍵不一樣的鍵。發現之後，程式將會自動切換彙整的對象，這就是要在彙整之前先排序的理由，因為這麼一來，切換彙整對象的程式碼就寫得簡單一點。

　　這次是以商品代碼作為彙整鍵。要變更的部分只有 sum_quantity1.py 第 36 行的 for 迴圈前後的內容。首先了解這階段的程式碼（見程式碼 5-2）。

```
32   osh.cell(list_row,6).value = "合計"

33

34   for dic in sorted_list_a:
35   ├── list_row += 1
36   ├── osh.cell(list_row,1).value = dic["商品代碼"]
```

程式碼 5-2　sum_quantity1.py（與前述的程式碼相同）。**在將商品代碼作為彙整鍵與正式彙整數量之前的程式碼**

　　sum_quantity1.py 會依照商品代碼、出貨日期的順序將資料轉存至轉存位置的工作表。接下來，要將程式改寫成一邊執行前述的轉存處理，一邊利用商品代碼這個彙整鍵彙整數量。最終希望在顯示相同商品代碼的最後一列輸出數量的合計（見圖 5-3）。

	A	B	C	D	E	F	G
1	商品代碼	日期	商品名稱	尺寸	數量	合計	
2	M8100011011	2020-10-12	arnold連帽T恤	S	20		
3	M8100011011	2020-10-12	arnold連帽T恤	S	15		
4	M8100011011	2020-11-15	arnold連帽T恤	S	40		
5	M8100011011	2020-11-17	arnold連帽T恤	S	40		
6	M8100011011	2020-12-05	arnold連帽T恤	S	10	125	
7	M8100011012	2020-10-12	arnold連帽T恤	M	20		
8	M8100011012	2020-10-12	arnold連帽T恤	M	15		
9	M8100011012	2020-11-15	arnold連帽T恤	M	30		
10	M8100011012	2020-11-17	arnold連帽T恤	M	40		
11	M8100011012	2020-12-05	arnold連帽T恤	M	20	125	
12	M8100011013	2020-11-17	arnold連帽T恤	L	40		
13	M8100011014	2020-12-15	arnold連帽T恤	LL	20	60	
14	M810001101A	2020-12-15	arnold連帽T恤	L	20	20	
15							
16							
17							

各商品代碼數量 ⊕

就緒　　　　　　　　⊞ ▣ ▥　－ ━━━ ＋　100%

圖 5-3　希望將程式改寫成利用商品代碼合計的內容

　　接下來，要進入程式開發的下個階段，所以請先將程式碼另外
儲存為 sum_quantity2.py 這個檔案名稱。改寫的重點在於載入彙整
鍵（也就是商品代碼），以及判斷載入的彙整鍵是否與前一列載入
的彙整鍵相同，如此一來就能利用彙整鍵控制流程。

　　另一個重點，是在轉存資料的同時計算累計數量。一旦發現載
入的彙整鍵與前一個彙整鍵不同，就要將累計的數量輸出成合計
值，接著再重設這個累計值，以便加總下一種商品代碼的數量。

　　下列的程式碼可完成前述的處理。直到第 32 行之前的程式碼都
未經任何改寫：

```
32  osh.cell(list_row,6).value = "合計"
33  #從這裡開始改寫
```

```
34  sum_q = 0
35  old_key = ""
36  for dic in sorted_list_a:
37  ├───→ if old_key == "":
38  ├───→├───→ old_key = dic["商品代碼"]
39
40  ├───→ if old_key == dic["商品代碼"]:
41  ├───→├───→ sum_q += dic["數量"]
42  ├───→ else:
43  ├───→├───→ osh.cell(list_row,6).value = sum_q
44  ├───→├───→ sum_q = dic["數量"]
45  ├───→├───→ old_key = dic["商品代碼"]
46
47  ├───→ list_row += 1
48  ├───→ osh.cell(list_row,1).value = dic["商品代碼"]
49  ├───→ osh.cell(list_row,2).value = dic["出貨日期"].date()
50  ├───→ osh.cell(list_row,3).value = dic["商品名稱"]
51  ├───→ osh.cell(list_row,4).value = dic["尺寸"]
52  ├───→ osh.cell(list_row,5).value = dic["數量"]
53
54  osh.cell(list_row,6).value = sum_q
55  #到這裡為止修正改寫完畢
56  owb.save(r"..\data\出貨數量彙整表.xlsx")
```

　　第一步是先在 for 迴圈之前宣告 2 個變數。一個是用於彙整數量的變數 sum_q，初始值為 0，另一個是用於判斷彙整鍵是否不同的 old_key，初始值為空白字元，之後才進入 for 迴圈進行處理。

進入 for 迴圈之後，在原本的程式碼之前新增了 2 個條件判斷的部分。第 1 個條件判斷是在判斷 for 迴圈第 1 次執行之後，將商品代碼的值存入 old_key 的處理。

將第 1 個字典匯入 dic 之後，old_key 的值還沒被改寫，所以當下列的條件：

```
if old_key == ""
```

為 True，代表這是迴圈的第 1 圈，所以利用下列的程式碼：

```
old_key = dic["商品代碼"]
```

將第 1 個商品代碼放入 old_key。接著再進入下一個條件判斷的處理。這部分將計算數量的鍵與判斷彙整鍵是否不同。

此時，才剛透過前面的條件判斷處理，將第 1 個商品代碼存入 old_key，所以下面的條件會傳回 True：

```
if old_key == dic["商品代碼"]
```

此時，會以 sum_q += dic["數量"] 將商品的數量累加至 sum_q（第 41 行程式碼），接著脫離這個條件判斷處理，再從第 47 行程式開始轉存儲存格資訊，也就是將字典的商品代碼、出貨日期到數量為止的資料，全部寫入工作表的第 2 列。以上，是迴圈執行 1 次進行的處理。之後會回到第 36 行程式碼，從串列取得下一個字典，再將這個字典存入變數 dic。

在此是根據圖 5-3 的工作表分析程式的執行流程，所以資料的排列順序與圖 5-3 相同。如此一來，下一列的商品代碼會與 old_key 相同，第 40 行的 if 條件式又會傳回 True，所以又會將商品的數量累加至 sum_q。在商品代碼為 M8100011011 的字典載入 5 筆，以及轉存至工作表的過程中，sum_q 的值會累加至 125。

由於載入下一列的字典時，商品代碼會變成 M8100011012，所以第 40 行的條件判斷會傳回 False：

```
old_key == dic["商品代碼"]
```

這也代表彙整鍵與之前的不同，而此時則要執行從第 42 行程式碼開始的 else 處理。

這部分的處理包含將合計值寫入轉存位置的工作表，以及重新累計數量這兩個部分。

具體來說，就是將 sum_q 寫入商品代碼為 M8100011011 最後一列的合計欄（第 43 行程式碼）。接著，再將商品代碼為 M8100011012 的第 1 個數量存入 sum_q（第 44 行程式碼），然後將 old_key 由 M810001101 改寫為下一個商品代碼為 M8100011012 的資料。

之後就是不斷地執行載入下一個字典與彙整數量的處理，直到彙整鍵與之前的不同為止。以上就是將商品代碼當成彙整鍵，彙整各項商品數量的流程。

請將注意力放在 54 行程式碼。這部分是在脫離迴圈之後，將 sum_q 寫入合計欄的處理，就是將最後一個商品代碼的 sum_q 寫入合計欄。

　　經過前述的說明，已經知道如何加總每個商品代碼的數量，但該怎麼在前述的程式碼新增以出貨地代碼彙整的處理？

嵌入以 2 個鍵分別進行

　　如果需要根據出貨地代碼進行彙整，可試著以出貨地代碼與商品代碼這兩個鍵控制彙整數量的程式處理流程。盡可能把程式寫得簡單一點，就算是會稍微繞遠路也沒關係。

　　第一步，要將到目前為止新增的工作表當成合計工作表，再根據商品代碼與輸出日期的順序轉存字典的內容。接著，要另外新增依照出貨地分類的工作表，再依照商品代碼與出貨日期的順序轉存資料。所謂的「繞遠路」就是不求一次完成一個大處理，選擇逐次完成每個小處理的感覺。

　　具體的程式碼如下面的程式碼 5-4：

```
20    sorted_list_a = sorted(shipment_list, key=itemgetter("商
                                            品代碼","出貨日期"))

21
22    owb = openpyxl.Workbook() #輸出檔案 出貨數量彙整表.xlsx
23    osh = owb.active
24    osh.title = "各商品代碼數量"
25    list_row = 1

26
27    osh.cell(list_row,1).value = "商品代碼"
28    osh.cell(list_row,2).value = "日期"
```

```
29   osh.cell(list_row,3).value = "商品名稱"
30   osh.cell(list_row,4).value = "尺寸"
31   osh.cell(list_row,5).value = "數量"
32   osh.cell(list_row,6).value = "合計"
33
34   for dic in sorted_list_a:
35   ├──→ list_row += 1
36   ├──→ osh.cell(list_row,1).value = dic["商品代碼"]
37   ├──→ osh.cell(list_row,2).value = dic["出貨日期"].date()
38   ├──→ osh.cell(list_row,3).value = dic["商品名稱"]
39   ├──→ osh.cell(list_row,4).value = dic["尺寸"]
40   ├──→ osh.cell(list_row,5).value = dic["數量"]
41
42   #依照出貨地分類的彙整表
43   sorted_list_b = sorted(shipment_list, key=itemgetter
                           ("出貨地代碼","商品代碼","出貨日期"))
44
45   #依照出貨地的分類將資料轉存至工作表
46   old_key = ""
47   for dic in sorted_list_b:
48   ├──→ if old_key != dic["出貨地代碼"]:
49   ├──→├──→ old_key = dic["出貨地代碼"]
50   ├──→├──→ osh_n = owb.create_sheet(title=dic["出貨地名稱"])
51   ├──→├──→ list_row = 1
52   ├──→├──→ for i in range(1,7):
53   ├──→├──→├──→ osh_n.cell(list_row,i).value = osh.cell
                                   (list_row,i).value
54
```

```
55  ├──→ list_row += 1
56  ├──→ osh_n.cell(list_row,1).value = dic["商品代碼"]
57  ├──→ osh_n.cell(list_row,2).value = dic["出貨日期"].date()
58  ├──→ osh_n.cell(list_row,3).value = dic["商品名稱"]
59  ├──→ osh_n.cell(list_row,4).value = dic["尺寸"]
60  ├──→ osh_n.cell(list_row,5).value = dic["數量"]
61
62  owb.save(r"..\data\出貨數量彙整表.xlsx")
```

程式碼 5-4 新增出貨地分類工作表的 sum_quantity3.py

　　到建立字典與串列的第 20 行程式碼之前，與 sum_quantity1.py、sum_quantity2.py 相同，所以現在從第 21 行程式開始介紹。想利用 sum_quantity3.py 完成的是建立各商品代碼的合計工作表，以及各出貨地代碼的工作表（見圖 5-4）。

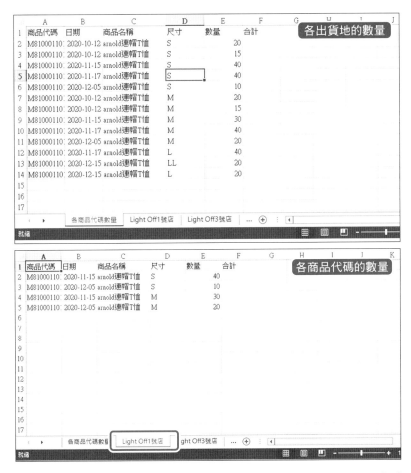

圖 5-4　這是利用 **sum_quantity3.py** 建立的「各商品代碼數量」工作表，
以及各出貨地的工作表

如果只需要這種程度的數量彙整功能，sum_quantity2.py 就足以
完成任務，所以現在先停下腳步，之後再追加所需的所有功能。

其實單就建立「各商品代碼數量」工作表的處理來看，sum_
quantity2.py 與 sum_quantity.py 是相同的，但要特別注意的是第 43

行的程式碼，也就是第 2 次的排序處理。這次是以出貨地代碼、商品代碼、出貨日期的順序排序以字典為元素的串列，再將排序結果代入 sorted_list_b，之後又為了以出貨地分類工作表與輸出對應的資料，所以撰寫了以出貨地代碼為鍵的流程控制處理。

這次的流程控制處理與之前的不同，在字典串列的排序，是以出貨地代碼為最優先，之後再逐次轉存與各出貨地代碼對應的字典資料，等到載入新的出貨地代碼之後，再執行流程控制處理，以便建立新的工作表。

現在，直接觀察這部分的程式碼 5-5：

```
46    old_key = ""
47    for dic in sorted_list_b:
48    ├── if old_key != dic["出貨地代碼"]:
49    ├──├── old_key = dic["出貨地名稱"]
50    ├──├── osh_n = owb.create_sheet(title=dic["出貨地名稱"])
51    ├──├── list_row = 1
52    ├──├── for i in range(1,7):
53    ├──├──├── osh_n.cell(list_row,i).value = osh.cell
                                        (list_row,i).value
```

程式碼 5-5   載入新的出貨地代碼之後，再執行流程控制處理

在 for 迴圈之前的第 46 行程式清空 old_key：

```
old_key = ""
```

接著在第 47 行的 for 迴圈從 sorted_list_b 將字典存入 dic。由於 old_key 在第 1 次執行程式的時候是空白的,所以第 48 行程式碼的條件式會成立,也會傳回 True。

```
if old_key != dic["出貨地代碼"]:
```

之前說過比較運算子的 != 是「不等於」的意思,由於 old_key 是空白的,所以不會等於 dic["出貨地代碼"],因此條件式會傳回 True。

接著,會將取得的出貨地代碼代入 old_key(第 49 行程式碼)。

緊接著,第 50 行程式碼利用 owb.create_sheet 方法建立新的工作表。在此時如下設定這個方法的參數,就能將出貨地名稱設定為工作表名稱。

```
title=dic["出貨地名稱"]
```

第 51 行程式碼將代表轉存位置為第幾列的變數 list_row 設定為 1,之後的第 52 行程式碼的 for 迴圈則將 osh(「各商品代碼數量」工作表)第 1 列的值複製到第 50 行程式碼建立的工作表,也就是複製項目名稱的意思。

完成前述步驟之後,讓 list_row 遞增 1,再轉存各項目的值。第 55 ～ 60 行程式碼的內容就是這部分的處理,不過其實也只是沿用 sum_quantity1.py 的內容(第 35 ～ 40 行程式碼)。

完成前述的處理之後,立刻進入 for 迴圈的下一個循環。此會將下一筆字典資料更新入 dic(第 47 行程式碼),再讓此時新字典中的出貨地代碼與 old_key 的值比較（第 48 行程式碼），如果兩者相同，就將各項目的資料轉存至同一張工作表的下一列，如果是新的出貨地代碼，就新增另一張工作表。

　　雖說都是流程控制處理，但彙整數量的時間點與處理內容還是有些不同，而這也是設計程式邏輯的困難之處與趣味。

追加商品代碼

　　最後，將彙整數量的邏輯嵌入這個程式。這個數量彙整程式的完成版為 sum_quantity.py，但說是完成版，也不過就是在 sum_quantity3.py 的最後一行程式 owb.save() 儲存工作表之前，追加以商品代碼彙整數量的處理（見程式碼 5-6）。

```
60      osh_n.cell(list_row,5).value = dic["數量"]
61
62  #利用迴圈處理所有工作表
63  #利用商品代碼彙整資料
64  for osh in owb:
65      sum_q = 0
66      old_key = ""
67      for i in range(2, osh.max_row + 1):
68          if old_key == "":
69              old_key = osh.cell(i,1).value
70          if old_key == osh.cell(i,1).value:
71              sum_q += osh.cell(i,5).value
```

```
72  ┆────┆───→ else:
73  ┆────┆────→ osh.cell(i-1,6).value = sum_q
74  ┆────┆────→ sum_q = osh.cell(i,5).value
75  ┆────┆────→ old_key = osh.cell(i,1).value
76
77  ┆────→ osh.cell(i,6).value = sum_q
78
79  owb.save(r"..\data\出貨數量彙整表.xlsx")
```

程式碼 5-6　**數量彙整程式完成版的 sum_quantity.py**（追加的部分）

第 60 行程式碼是前面 for 迴圈的最後一行程式碼，這行程式碼沒有任何更動之處。sum_quantity3.py 的話，會在第 62 行程式碼以 owb.save() 儲存資料轉存位置的工作表。這次要在這兩行程式碼之間追加彙整數量的處理。

到目前為止，有 2 種工作表，分別是所有資料完成排序的「各商品代碼數量」工作表，以及依照出貨地分類的工作表。由於利用迴圈彙整所有工作表的數量，所以利用第 64 行的程式碼：

```
for osh in owb
```

依序從活頁簿取得工作表，再進行相關的處理。

迴圈的第一個處理就是先讓彙整數量變數 sum_q 歸零，再將 old_key 的值清空（第 65 ～ 66 行程式碼）。

接著利用 for 迴圈彙整各工作表第 2 列至最後一列的數量。當 old_key 為空白時，透過下列的程式碼：

```
osh.cell(i, 1).value
```

將商品代碼的值代入 old_key（第 68 ～ 69 行程式碼），設定最先處理的列。

接著以第 70 行程式碼的 if 條件式，判斷 old_key 與目前處理的列的商品代碼是否相同，如果相同就將數量累加至 sum_q，如果不同，就代表要執行其他的處理，也就是利用第 72 ～ 75 行的程式碼將 sum_q 寫入合計欄。要請大家注意的是第 73 行的程式碼：

```
osh.cell(i-1,6).value
```

也就是將列指定為 i-1 的部分。此時迴圈已進入第 2 圈，目標列（i）已往下移動 1 格，作為流程控制分歧點的商品代碼也已經改變，所以要寫入合計值的列已經不是正在進行處理的列，而是上一列，所以必須讓指定寫入位置的列編號的參數減 1 才行。

由於這個程式是透過商品代碼控制流程，利用 sum_q 彙整的合計值也必須重設，所以將新的商品數量代入 sum_q，再將新的商品代碼代入 old_key（第 74、75 行程式碼）。這一連串的處理都是由第 67 行程式碼的迴圈於工作表之內完成。

第 77 行是處理最後一列之後要執行的部分。由於這個時候已經脫離第 67 行的 for 迴圈，所以 i 的值也不會再遞增，因此要將下列的值代入 sum_q：

```
osh.cell(i,6).value
```

　　如此一來，建立各商品代碼數量工作表以及將各商品代碼的出貨數量分別存至各出貨地工作表的程式，就完成了。實際執行這個程式之後，就會加總各商品代碼的數量（見圖 5-5），以及依照各出貨地與各種商品彙整出貨數量了（見圖 5-6）。

圖 5-5　彙整了各商品代碼的數量

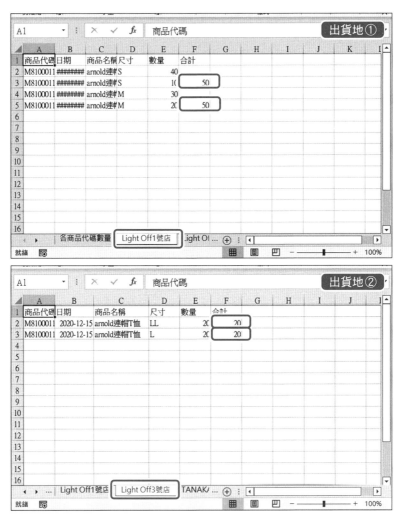

圖 5-6　每張出貨地工作表的合計欄，也有加總後的數量

18 | 彙整出貨金額

　　現在將話題拉回椎間服飾發生的問題及解決方案。品質管理室的刘田室長發現了有瑕疵的商品，所以拜託千田岳依照出貨地彙整這類商品的出貨數量，而千田岳看了出貨日期後，發現某些商品已經請款，換言之，有些廠商已支付了貨款。

　　雖然出貨地是客戶的門市所在地，但請款單卻是根據客戶製作，而且每位客戶的結算日都不同。這次想取得的，是此次瑕疵品於每位客戶請款的金額，以及客戶已支付的貨款金額。

　　但千田岳認為，若是為此撰寫取得客戶結算日及依照取得的結算日彙整金額的程式，恐怕會需要耗費不少時間[*]，所以他認為，若能先依照出貨日期算出累計數量，就能估算出請款金額與廠商已支付的貨款金額。

　　這次的原始資料與彙整數量所使用的資料相同，也就是瑕疵品出貨資料的「已篩選完畢的資料 .xlsx」。接下來，要建立以字典為元素的串列，再建立彙整各商品代碼出貨金額的工作表與各客戶的

---

[*] 本書提供的範例程式為了方便瀏覽資料，已經先行減少了客戶的數量，但就實務而言，合作的客戶往往很多，相關的資料量也不在話下，所以千田岳這次的判斷可說是非常重要。

工作表，算出各商品代碼的出貨金額。

程式碼的內容與彙整數量的 sum_quantity.py 幾乎相同。為了方便你知道該改寫哪些部分即可完成前述的處理，先來看看已經寫好的程式（見程式碼 5-7）。

```
1   import openpyxl
2   from operator import itemgetter
3
4   wb = openpyxl.load_workbook(r"..\data\已篩選完畢的資料.
                                                    xlsx")
5   sh = wb.active
6
7   #建立字典的串列
8   shipment_list = []
9   for row in sh.iter_rows():
10      if row[0].row == 1:
11          header_cells = row
12      else:
13          row_dic = {}
14          # zip 取得多個串列元素
15          for k, v in zip(header_cells, row):
16              row_dic[k.value] = v.value
17          shipment_list.append(row_dic)
18
19  #首先依照商品代碼建立工作表
20  sorted_list_a = sorted(shipment_list, key=itemgetter("商
                                品代碼", "出貨日期"))
```

```
21
22  owb = openpyxl.Workbook() #輸出檔案 出貨金額彙整表.xlsx
23  osh = owb.active
24  osh.title = "各商品代碼金額"
25  list_row = 1
26
27  osh.cell(list_row,1).value = "商品代碼"
28  osh.cell(list_row,2).value = "日期"
29  osh.cell(list_row,3).value = "商品名稱"
30  osh.cell(list_row,4).value = "尺寸"
31  osh.cell(list_row,5).value = "金額"
32  osh.cell(list_row,6).value = "累計"      ……①
33
34  for dic in sorted_list_a:
35  ┌──→ list_row += 1
36  ├──→ osh.cell(list_row,1).value = dic["商品代碼"]
37  ├──→ osh.cell(list_row,2).value = dic["出貨日期"].date()
38  ├──→ osh.cell(list_row,3).value = dic["商品名稱"]
39  ├──→ osh.cell(list_row,4).value = dic["尺寸"]
40  └──→ osh.cell(list_row,5).value = dic["金額"]
41
42  #以客戶為分類的彙整表
43  sorted_list_b = sorted(shipment_list, key=itemgetter("客
                    戶代碼","商品商品代碼","出貨日期"))
44
45  #依照客戶分類將資料轉存至工作表
46
47  old_key = ""
```

```
48    for dic in sorted_list_b:
49        if old_key != dic["客戶代碼"]:
50            old_key = dic["客戶代碼"]
51            osh_n = owb.create_sheet(title=dic["客戶名稱"])
52            list_row = 1
53            for i in range(1,7):
54                osh_n.cell(list_row,i).value = osh.cell
                                          (list_row,i).value
55
56        list_row += 1
57        osh_n.cell(list_row,1).value = dic["商品代碼"]
58        osh_n.cell(list_row,2).value = dic["出貨日期"].date()
59        osh_n.cell(list_row,3).value = dic["商品名稱"]
60        osh_n.cell(list_row,4).value = dic["尺寸"]
61        osh_n.cell(list_row,5).value = dic["金額"]        ……②
62
63    #利用迴圈處理所有工作表
64    #利用商品代碼彙整資料
65    for osh in owb:
66        sum_q = 0
67        old_key = ""
68        for i in range(2, osh.max_row + 1):
69            if old_key == "":
70                old_key = osh.cell(i,1).value
71            if old_key == osh.cell(i,1).value:
72                sum_q += osh.cell(i,5).value
73            else:
74                sum_q = osh.cell(i,5).value
```

```
75  ├────→├────→ old_key = osh.cell(i,1).value
76  ├────→├────→ osh.cell(i,6).value = sum_q          ……③
77
78  owb.save(r"..\data\出貨金額彙整表.xlsx")
```

程式碼 5-7　sum_amount.py

接著，針對程式的不同之處說明。

第一個不同之處在於項目名稱不是「合計」而是「累計」（第 32 行程式碼的①），見圖 5-7，以及這次彙整的不是數量而是金額（第 61 行程式碼的②）（見圖 5-8）。

請注意第 76 行程式碼的③，也就是將這一列之前累計的金額寫入累計欄。前述的流程控制處理則用來判斷該列的金額是否需要累加至 sum_q，以及是否需要將累計的金額寫入合計欄而已。

圖 5-7　於「各商品代碼金額」工作表輸入的累計金額

圖 5-8　各出貨地的工作表也有累計金額的欄位

　　只要像這樣依照日期算出累計金額，就能迅速算出各種商品已請款金額，以及廠商已支付的貨款金額。只要能利用程式製作這些資料，之後就能視第一線工作現場的需要使用這些資料，最終輸出的結果則是可交付第一線工作現場使用的 Excel 檔案。假設想知道某位客戶於某個期間的合計金額，只需要告訴第一線的工作人員「請自行使用公式與函式彙整資料即可」。

　　這種流程控制可以完成各種彙整處理。

19 | 用VSCode確認語法正確性

千田岳看到麻美正在與自己撰寫的程式搏鬥之後，打算提供一些建議。

千田岳：麻美，妳要不要學學看 Visual Studio Code 呢？

麻美：千岳室長該不會是在說自己有多厲害吧？

千田岳：沒有啦，我想說的是，Visual Studio Code 有很多功能，想建議妳學個徹底。

麻美：不就是工具嗎？只要能輸入程式碼，什麼工具都可以吧？

千田岳：我原本也是這樣想，覺得時間拿來學寫程式都不夠了，哪還有時間學什麼開發環境的軟體，後來才發現，學會使用開發環境的軟體是有用的。

麻美：是這樣嗎？有什麼用啊？

千田岳：除了可以更快寫好程式，還能在執行程式之前確認語
　　　　法的正確性，偵錯功能也能逐行執行程式碼，讓我們
　　　　更了解程式碼的執行過程。

麻美：千岳室長今天果然是在裝酷，不過，聽起來好像有點意
　　　思，我就學學看吧！

　　一如千田岳所說的，越了解 Visual Studio Code（VSCode），
越會發現很多方便的功能，例如可以透過快捷鍵快速編輯程式碼，
也可以使用 Lint 這類靜態分析工具確認語法及其他的細節，提升程
式的品質。

　　不過，最重要的是學會使用觀察程式執行過程的偵錯功能，就
能更相信自己的程式設計功力，所以在此要介紹程式設計初學者一
定要學會的偵錯功能。

偵錯功能

　　其實本章介紹的流程控制處理雖然好用，但只要一不小心，就
會得到意料之外的結果。接著以 sum_quantity.py 的商品代碼彙整處
理為例，說明 VS Code 的偵錯功能該如何使用。

　　請先看看計算數量總和之前的「各商品代碼數量」工作表（見
圖 5-9）。

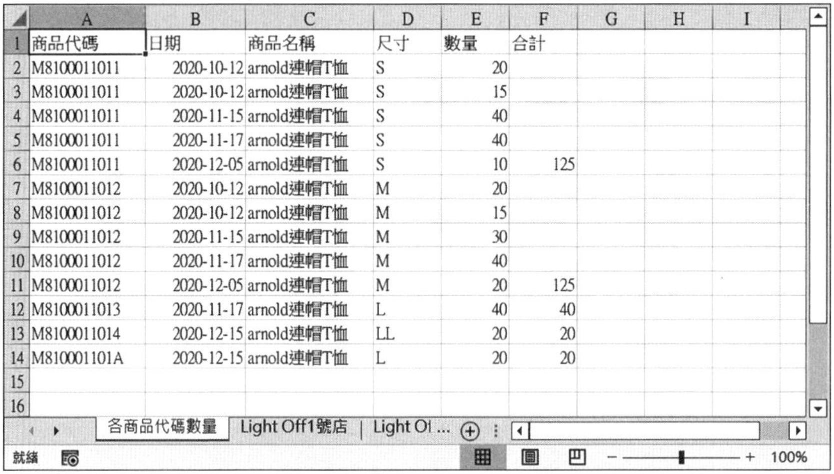

圖 5-9　計算數量總和之前的「各商品代碼數量」工作表

　　雖然這張活頁簿還有多張出貨地的工作表，但最先處理的是「各商品代碼數量」工作表，所以就以這張工作表的處理為例。

　　首先，要替程式碼設定中斷點。所謂的中斷點是指讓程式暫停執行的位置。

　　點選要暫停執行的程式碼的左側，或是先將滑鼠游標移動該行程式碼，再按下 F9，都能植入中斷點。每按一次，中斷點的狀態就會切換一次，所以只要再按一次，就能取消中斷點。這次的範例是在 for i in range() 的程式碼植入中斷點，此時行編號（第 67 行）的左側會出現圓形符號（見圖 5-10）。

```
62      #利用迴圈處理所有工作表
63      #利用商品代碼彙整資料
64      for osh in owb:
65          sum_q = 0
66          old_key = ""
67          for i in range(2, osh.max_row + 1):
68              ld_key == "":
69                  old_key = osh.cell(i,1).value
70              if old_key == osh.cell(i,1).value:
71                  sum_q += osh.cell(i,5).value
72              else:
```

點選行編號的左側

圖 5-10　　點選要暫停執行的程式碼的左側

此時，於「執行」選單點選「啟動偵錯」，執行程式（見圖 5-11）。

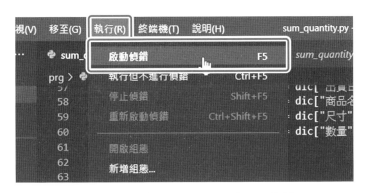

圖 5-11　　選擇「執行」選單→「啟動偵錯」

此時，會顯示「選擇偵錯設定檔」訊息，以及列出偵錯設定，請選擇 Python 檔案（見圖 5-12）。

圖 5-12　選擇偵錯設定的「選擇偵測設定檔」

　　此時，會切換到偵測視窗，也會顯示確認變數值的視窗（見圖
5-13），以及控制程式執行流程的按鈕（見圖 5-14）。

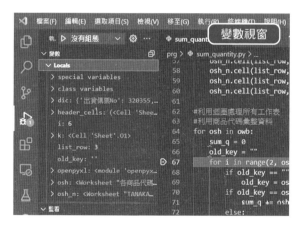

圖 5-13　確認變數內容的變數視窗

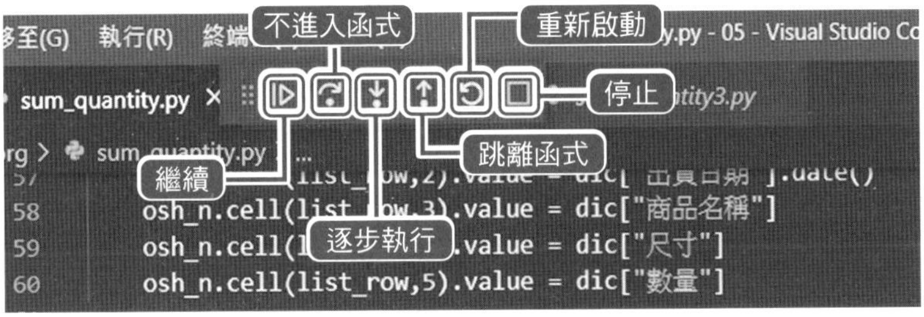

圖 5-14　控制程式逐步執行的按鈕

　　例如，可於左上角的變數視窗確認變數值。逐步執行的按鈕由左至右依序是繼續、不進入函式、逐步執行、跳離函式、重新啟動、停止。可利用不進入函式或逐步執行[*]一步步執行程式。

　　圖 5-15 是利用「不進入函式」功能進入下一行程式碼的狀態。變數視窗裡的 old_key 應該會是「‘’」（空白的狀態）。繼續點選「不進入函式」，進入下一行的程式碼。

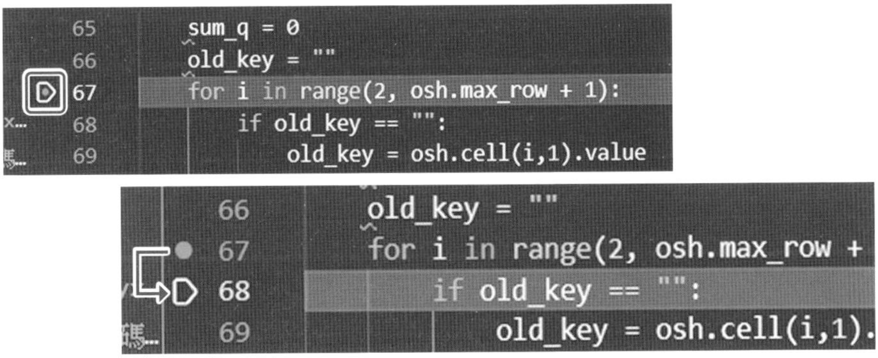

圖 5-15　點選「不進入函式」進入下一行程式碼

---

* 「不進入函式」與「逐步執行」的差異在於，在呼叫函式的程式碼點選「不進入函式」按鈕，就會執行函式再傳回結果，但是「逐步執行」除了會執行函式與傳回結果，還會進入函式內部的處理。如果不需要知道函式的處理內容，可以只使用「不進入函式」功能。

257

由於 old_key=="" 這個條件成立，所以會跳到 old_key = osh.
cell(i,1).value 這行程式碼（見圖 5-16）。再點選一次「不進入函式」，
然後看看變數視窗裡的 old_key 產生什麼變化。

```
64    for osh in owb:
65        sum_q = 0
66        old_key = ""
67        for i in range(2, osh.max_row + 1):
68            if old_key == "":
69                old_key = osh.cell(i,1).value
70            if old_key == osh.cell(i,1).value:
71                sum_q += osh.cell(i,5).value
```

圖 5-16　**old_key ==" "** 會成立

由圖 5-17 可以看到，圖 5-8 第 2 行的 'M8100011011' 存入 old_
key 了。

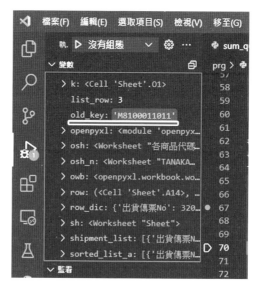

圖 5-17　**old_key 變成 'M8100011011'**

　　有些處理不一定要利用「不進入函式」或「逐步執行」一行行執行，可以一口氣執行到底。此時，可點選「繼續」，執行到下一個中斷點為止。

　　如此一來，就會完成 for 迴圈後續的處理，再跳至迴圈的開頭（見圖 5-18）。其證據之一就是變數視窗的 sum_q 儲存了第 2 列的數量「20」。

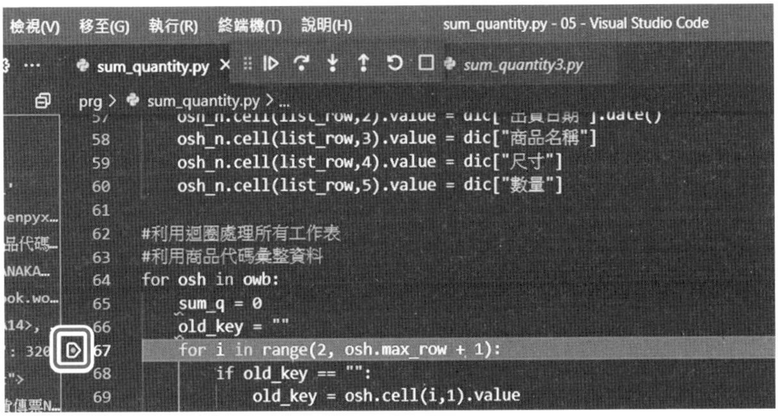

圖 5-18　回到 for 迴圈的開頭了

　　中斷點可在偵錯的過程中新增或解除。

　　接下來，試著利用偵錯功能來確認流程控制處理的內容。

　　當商品代碼為 'M8100011011' 的資料列處理完畢，第一次匯入 'M8100011012' 的資料列時，流程控制處理就會啟動。所以先解除 for 迴圈的中斷點，再於啟動流程控制處理的 else 的程式碼（第 74 行程式碼）新增中斷點（見圖 5-19）。

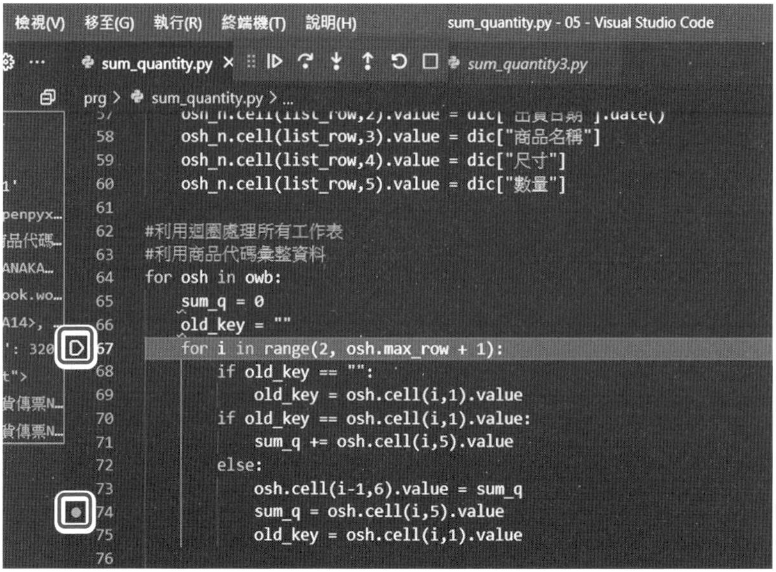

圖 5-19　在 **else** 的程式碼（第 **74** 行程式碼）新增中斷點，
以及解除 **for** 迴圈的中斷點

　　當程式在 else 的中斷點暫停之後，點選「不進入函式」按鈕，
再確認變數的值。

　　現在可以發現 sum_q 的值變成 125 了（見圖 5-20）。商品代碼
M8100011011 的數量總和的確是 125。如此一來，我們就能確定程
式依照我們所設計的執行了。反之，如果發現某個變數的值不如預
期，就能立刻知道是與該變數相關的程式碼寫錯了，能節省不少偵
錯的時間。

圖 5-20　**sum_q** 的值變成 **125** 了

　　假設程式沒有問題，即可解除所有的中斷點，再點選「繼續」按鈕，讓程式一口氣執行到最後。當然也可以點選「停止」按鈕，讓程式停止執行。

　　在執行這類偵錯之前，都得先選擇偵錯設定檔的話，可能你會覺得很麻煩，所以現在新增一個儲存偵錯設定的 launch.json 檔案。在植入中斷點之後，點選「Python：目前檔案」，再點選「新增組態」，新增 launch.json 檔案（見圖 5-21）。[*]

---

[*]　新版 Visual Studio Code 的步驟會有所不同。

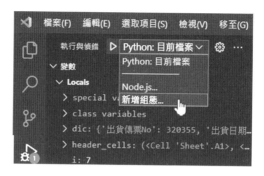

圖 5-21　點選「新增組態」選項

接著，與啟動偵錯一樣，選擇偵錯設定檔（見圖 5-22）。

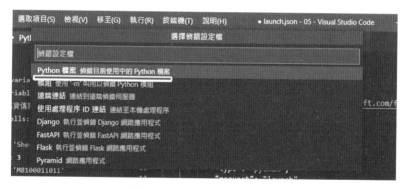

圖 5-22　選擇偵錯設定檔

如此一來，會在目前目錄的 .vscode 子目錄新增 launch.json 檔
案（見圖 5-23）。之後就不需要在偵錯時選擇偵錯設定檔[*]。

---

[*]　如果在「開啟資料夾」選擇其他的資料夾，導致目前資料夾變動，就必須重新製作
　　launch.json 檔案。

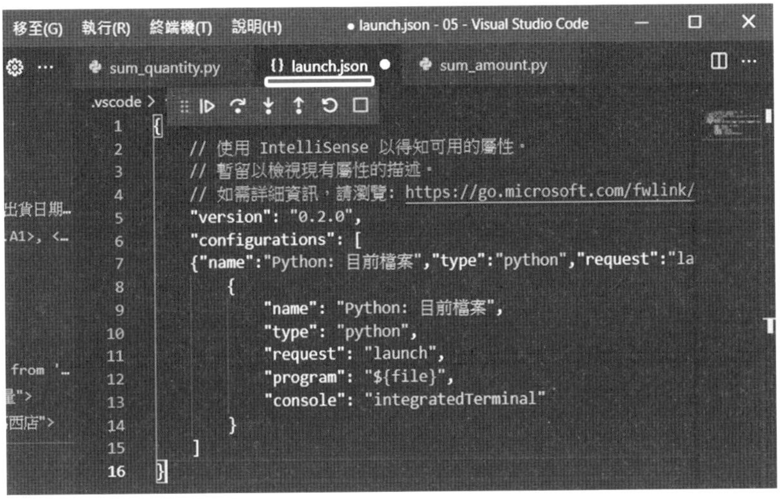

圖 5-23 **launch.json 檔案新增了**

偵錯是很常用來修正程式碼的功能，請務必使用看看。

刈田：千岳、千岳，發生大事了，快救我。

千田岳：刈田室長，又發生什麼事啊？你要跑來部門找我的話，
　　　　拜託戴上口罩啦！

刈田：就是口罩出問題啦，我們不是製造了很多口罩，也進口
　　　很多口罩嗎？有的是布口罩，有的是蠶絲口罩，還有不
　　　會悶熱的口罩，以及觸感冰涼的口罩。

麻美：我們公司簡直是口罩製造商！不過口罩的確彌補了服飾
　　　的業績缺口。

　　刈田：嗯，說是這麼說啦，其實⋯⋯

　　千田岳：怎麼了？這次換口罩有瑕疵了嗎？

　　刈田：說是味道很重，所以又得回收了。千田室長，能不能立
　　　　　刻幫忙彙整一下資料呢？

　　千田岳：好，我今天幫你搞定！告訴我商品代碼吧！

　　刈田：可以嗎？商品代碼可是有很多種。

　　千田岳：沒問題，因為之前寫的程式可以直接使用。

又發生新問題了嗎？感覺好像很嚴重，現在立刻著手處理。

　　這次因為味道很重而得回收的口罩，分成 S、M、L 共 3 種尺寸，
設計則分成女用與男用，而且還有尺寸較小的兒童專用口罩。

　　把商品代碼全列出來的話，共有 W9100000101、W9100000102、
W9100000103、W9100000111、W9100000112、W9100000113、
W9100000311、W9100000312、W9100000313、M9100000101、
M9100000102、M9100000103、M9100000111 及其他的商品代碼。

　　不過，若是拿掉與尺寸對應的最後一位數的數字，只看商品代
碼的前 10 位數數字，就會發現只有 W910000010、W910000011、
W910000031、M910000010、M910000011、M910000031、
K910000010、K910000011、K910000031 這九種商品代碼要處理。

　　由於在第 3 章撰寫的 data_extract.py 可以立刻派上用場，所以

稍微改造一下這個程式，篩選出需要的資料。

第 3 章的 data_extract.py 是如程式碼 5-8 利用切片取得商品代碼的前 10 位數的數字，再與字串 "M810001101" 判斷是不是退貨商品的商品代碼。

```
 9    for row in sh.iter_rows():
10        if row[9].value[:10] == "M810001101" or list_row == 1:
                                                        ……①
11            for cell in row:
12                if cell.col_idx == 2 and list_row != 1:
13                    osh.cell(list_row,cell.col_idx).value =
                                        cell.value.date()
14                else:
15                    osh.cell(list_row,cell.col_idx).value =
                                        cell.value
```

程式碼 5-8　於第 3 章撰寫的 **data_extract.py**

前述程式碼 5-8 的①就是利用切片取得資料的部分。只要改寫這個部分，就能與多種商品代碼的前 10 位數進行比較。根據這個想法改寫出程式碼 5-9：

```
1    import openpyxl
2
3    mask_tuple = ("W910000010","W910000011","W910000031",
                                        "M910000010",
4        "M910000011","M910000031","K910000010","K910000011",
```

```
                                      "K910000031") ……①
 5
 6   wb = openpyxl.load_workbook(r"..\data\出貨資料.xlsx")
                                                    #輸入檔案
 7   sh = wb["出貨資料"]
 8
 9   owb = openpyxl.Workbook() #輸出檔案 已篩選完畢的資料.xlsx
10   osh = owb.active
11   list_row = 1
12   for row in sh.iter_rows():
13   ┌───→ if (row[9].value[:10] in mask_tuple) or list_row == 1:
                                                    ……②
14   ├───┬──→ for cell in row:
15   ├───┼───→ if cell.col_idx == 2 and list_row != 1:
16   ├───┼───┼──→ osh.cell(list_row,cell.col_idx).value =
                                              cell.value.date()
17   ├───┼───┼── else:
18   ├───┼───┼──→ osh.cell(list_row,cell.col_idx).value =
                                              cell.value
19
20   ├───┴── list_row += 1
21
22   owb.save(r"..\data\已篩選完畢的資料.xlsx")
```

程式碼 5-9 可篩選多種商品代碼的 data_extract.py

首先請注意程式碼 5-9 ①的部分（第 3～4 行程式碼）。這次是以元組的方式列出前 10 位數的商品代碼。

Python 的程式碼若要拆成很多行輸入，通常會使用換行符號（\）銜接程式碼，惟獨串列、元組與字典不需要，可直接省略換行符號。只要在間隔元素的逗號之後換行，Python 會自動辨識為同一行程式碼，當然也可以手動輸入換行符號。

元組與串列的差異之處在於「不可變」的性質，所以不可變更元素的值，如果之後不需要變更值的話，不妨使用元組。接著要利用這個元組（mask_tuple）與「出貨資料」工作表（見圖 5-24）的商品代碼做比較。

	A	B	C	D	E	F	G	H	I	J	K	L	M	N	O
1	出貨傳票	出貨日	客戶代	客戶名稱	[illegible]	負責人	出貨地代	出貨地名稱	[illegible]	商品代碼	商品名稱	尺	數	單	金
2	320601	2020/3/10	7	TANAKA	2003	三谷	7012	TANAKA西葛西	1	M9100000101	造型口罩	S	100	1800	180000
3	320601	2020/3/10	7	TANAKA	2003	三谷	7012	TANAKA西葛西	2	M9100000102	造型口罩	M	100	1800	180000
4	320601	2020/3/10	7	TANAKA	2003	三谷	7012	TANAKA西葛西	3	M9100000103	造型口罩	L	100	1800	180000
5	320602	2020/3/11	2	大型控股公司	1003	前原	2011	大手11號店	1	W9100000111	造型口罩	S	200	1800	360000
6	320602	2020/3/11	2	大型控股公司	1003	前原	2011	大手11號店	2	W9100000112	造型口罩	M	200	1800	360000
7	320602	2020/3/11	2	大型控股公司	1003	前原	2011	大手11號店	3	W9100000113	造型口罩	L	200	1800	360000
8	320603	2020/3/12	5	Light Off	2001	富井	5002	Light Off2號店	1	M8100012002	ZIP連帽T恤	M	20	3000	60000
9	320603	2020/3/12	5	Light Off	2001	富井	5002	Light Off2號店	2	M8100012003	ZIP連帽T恤	L	20	3000	60000
10	320604	2020/3/12	3	北松屋連鎖店	1005	間山	3001	北松屋與野店	1	K9100000311	完整包覆口罩	S	15	1700	25500
11	320604	2020/3/12	3	北松屋連鎖店	1005	間山	3001	北松屋與野店	2	K9100000312	完整包覆口罩	M	15	1700	25500
12	320604	2020/3/12	3	北松屋連鎖店	1005	間山	3001	北松屋與野店	3	K9100000313	完整包覆口罩	L	15	1700	25500
13	320605	2020/3/12	3	北松屋連鎖店	1005	間山	3002	北松屋和光店	1	K9100000311	完整包覆口罩	S	15	1700	25500
14	320605	2020/3/12	3	北松屋連鎖店	1005	間山	3002	北松屋和光店	2	K9100000312	完整包覆口罩	M	15	1700	25500
15	320605	2020/3/12	3	北松屋連鎖店	1005	間山	3002	北松屋和光店	3	K9100000313	完整包覆口罩	L	15	1700	25500
16	320606	2020/3/12	3	北松屋連鎖店	1005	間山	3003	北松屋狹山店	1	K9100000101	造型口罩	S	30	1700	51000
17	320606	2020/3/12	3	北松屋連鎖店	1005	間山	3003	北松屋狹山店	2	K9100000102	造型口罩	M	30	1700	51000
18	320607	2020/3/15	5	Light Off	2001	富井	5003	Light Off3號店	1	M1000043002	POLO衫M	M	20	2100	42000
19	320607	2020/3/15	5	Light Off	2001	富井	5003	Light Off3號店	2	M1000043004	POLO衫LL	LL	20	2100	42000
20	320608	2020/3/20	2	大型控股公司	1003	前原	2011	大手11號店	1	W9100000111	造型口罩	S	100	1800	180000
21	320608	2020/3/20	2	大型控股公司	1003	前原	2011	大手11號店	2	W9100000112	造型口罩	M	100	1800	180000
22	320608	2020/3/20	2	大型控股公司	1003	前原	2011	大手11號店	3	W9100000113	造型口罩	L	100	1800	180000
23	320609	2020/3/20	7	TANAKA	2003	三谷	7012	TANAKA西葛西	1	M9100000101	造型口罩	S	150	1800	270000
24	320609	2020/3/20	7	TANAKA	2003	三谷	7012	TANAKA西葛西	2	M9100000102	造型口罩	M	150	1800	270000
25	320609	2020/3/20	7	TANAKA	2003	三谷	7012	TANAKA西葛西	3	M9100000103	造型口罩	L	150	1800	270000
26	320610	2020/3/21	3	北松屋連鎖店	1005	間山	3001	北松屋與野店	1	K9100000111	造型口罩	S	20	1700	34000
27	320610	2020/3/21	3	北松屋連鎖店	1005	間山	3001	北松屋與野店	2	K9100000112	造型口罩	M	20	1700	34000
28	320610	2020/3/21	3	北松屋連鎖店	1005	間山	3001	北松屋與野店	3	K9100000113	造型口罩	L	20	1700	34000
29	320611	2020/3/22	2	大型控股公司	1003	前原	2012	大手12號店	1	W9100000111	造型口罩	S	80	1800	144000

出貨資料

就緒　100%

圖 5-24　包含口罩資料的「出貨資料」工作表

負責篩選商品代碼的是程式碼 5-9 ②的部分（第 13 行程式碼）。這部分使用 in 運算子確認 mask_tuple 之中，有沒有與「出貨資料」工作表的商品代碼前 10 位數數字一致的值，如果有就傳回 True，否則就傳回 False。

　　前述的程式碼可以如圖 5-25，從出貨資料篩出要退貨的口罩，再儲存為「已篩選完畢的資料 .xlsx」。如果只要篩出前 10 位數相同的資料，只要改寫 mask_tuple 的值，就能利用這個 data_extract. py 篩出任何商品代碼的資料。執行這個程式後，可以立刻替需要退貨的口罩製作清單。

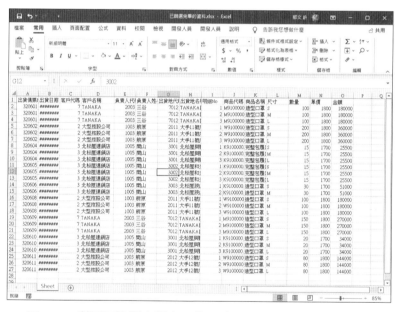

圖 5-25　利用可篩選多種商品代碼的 **data_extract.py** 製作的
「已篩選完畢的資料 .xlsx」

　　之後只需要利用 sum_quantity.py 處理這些篩選完畢的資料，就能依照出貨地彙整各種商品代碼的出貨數量。

20 融合篩選、排序、彙整在同個程式中

不過你可別以為程式這樣就算寫好了。接下來，想替第 3 章到第 5 章的內容做個總結。

這次在第 3 章撰寫篩選的程式，在第 4 章撰寫排序程式，最後在第 5 章撰寫彙整程式，但要執行篩選處理就得執行 data_extract. py，要執行排序或彙整處理，就得執行 sum_quantity.py。

既然都使用 Python 撰寫自動完成前述處理的程式，何不合併這兩個程式，直接根據出貨資料 .xlsx 製作出貨數量彙整表呢？

sum_mask.py 就是集結第 3、4、5 章相關處理的程式（見程式碼 5-10）。

```
1    import openpyxl
2    from operator import itemgetter
3
4    mask_tuple = ("W910000010","W910000011","W910000031",
                                              "M910000010",
5        "M910000011","M910000031","K910000010","K910000011",
                                              "K910000031")
6
```

```
7   wb = openpyxl.load_workbook(r"..\data\出貨資料.xlsx")
                                           #輸入檔案
8   sh = wb["出貨資料"]

9

10  owb = openpyxl.Workbook() #輸出檔案 已篩選完畢的資料.xlsx
11  osh = owb.active
12  list_row = 1
13  for row in sh.iter_rows():
14      if (row[9].value[:10] in mask_tuple) or list_row == 1:
15          for cell in row:
16              if cell.col_idx == 2 and list_row != 1:
17                  osh.cell(list_row,cell.col_idx).value =
                                        cell.value.date()
18              else:
19                  osh.cell(list_row,cell.col_idx).value =
                                              cell.value

20
21      list_row += 1
22
23  owb.save(r"..\data\已篩選完畢的資料.xlsx")          ……①
24
25  wb = openpyxl.load_workbook(r"..\data\已篩選完畢的資料.
                                              xlsx")
26  sh = wb.active
27
28  # 建立字典的串列
29  shipment_list = []
```

```
30  for row in sh.iter_rows():
31    ├── if row[0].row == 1:
32    ├──   ├── header_cells = row
33    ├── else:
34    ├──   ├── row_dic = {}
35    ├──   ├── # zip 取得多個串列元素
36    ├──   ├── for k, v in zip(header_cells, row):
37    ├──   ├──   ├── row_dic[k.value] = v.value
38    ├──   ├── shipment_list.append(row_dic)
39
40  #首先依照商品代碼建立工作表
41  sorted_list_a = sorted(shipment_list, key=itemgetter("商
                              品代碼","出貨日期"))
42
43  owb = openpyxl.Workbook() #輸出檔案 出貨數量彙整表.xlsx
44  osh = owb.active
45  osh.title = "各商品代碼數量"
46  list_row = 1
47
48  osh.cell(list_row,1).value = "商品代碼"
49  osh.cell(list_row,2).value = "日期"
50  osh.cell(list_row,3).value = "商品名稱"
51  osh.cell(list_row,4).value = "尺寸"
52  osh.cell(list_row,5).value = "數量"
53  osh.cell(list_row,6).value = "合計"
54
55  for dic in sorted_list_a:
```

```
56          list_row += 1
57          osh.cell(list_row,1).value = dic["商品代碼"]
58          osh.cell(list_row,2).value = dic["出貨日期"].date()
59          osh.cell(list_row,3).value = dic["商品名稱"]
60          osh.cell(list_row,4).value = dic["尺寸"]
61          osh.cell(list_row,5).value = dic["數量"]
62
63     #依照出貨地分類的彙整表
64     sorted_list_b = sorted(shipment_list, key=itemgetter("出
                       貨地代碼","商品代碼","出貨日期")))
65
66     #依照出貨地的分類將資料轉存至工作表
67     old_key = ""
68     for dic in sorted_list_b:
69          if old_key != dic["出貨地代碼"]:
70               old_key = dic["出貨地代碼"]
71               osh_n = owb.create_sheet(title=dic["出貨地名稱"])
72               list_row = 1
73               for i in range(1,7):
74                    osh_n.cell(list_row,i).value = osh.cell
                                           (list_row,i).value
75
76          list_row += 1
77          osh_n.cell(list_row,1).value = dic["商品代碼"]
78          osh_n.cell(list_row,2).value = dic["出貨日期"].date()
79          osh_n.cell(list_row,3).value = dic["商品名稱"]
80          osh_n.cell(list_row,4).value = dic["尺寸"]
```

```
81  │──→ osh_n.cell(list_row,5).value = dic["數量"]
82
83  #利用迴圈處理所有工作表
84  #利用商品代碼彙整資料
85  for osh in owb:
86  │──→ sum_q = 0
87  │──→ old_key = ""
88  │──→ for i in range(2, osh.max_row + 1):
89  │──→│──→ if old_key == "":
90  │──→│──→│──→ old_key = osh.cell(i,1).value
91  │──→│──→ if old_key == osh.cell(i,1).value:
92  │──→│──→│──→ sum_q += osh.cell(i,5).value
93  │──→│──→ else:
94  │──→│──→│──→ osh.cell(i-1,6).value = sum_q
95  │──→│──→│──→ sum_q = osh.cell(i,5).value
96  │──→│──→│──→ old_key = osh.cell(i,1).value
97
98  │──→ osh.cell(i,6).value = sum_q
99
100 owb.save(r"..\data\出貨數量彙整表.xlsx")
```

程式碼 5-10　集篩選、排序、彙整這些處理於一身的 sum_mask.py

執行這個程式後，可得到圖 5-26 的結果。

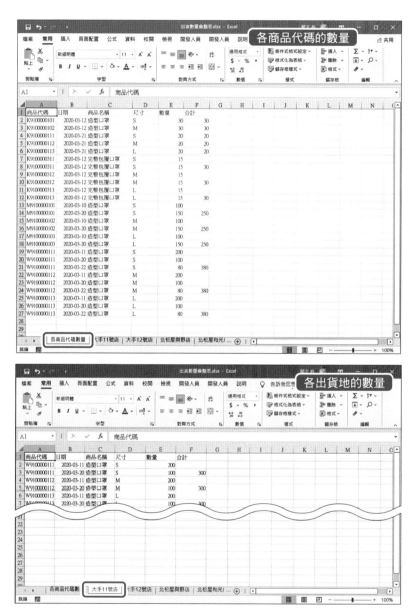

圖 5-26　利用 **sum_mask.py** 製作的出貨數量彙整表 **.xlsx**

　　這意思是，只要執行一個程式就能完成篩選、排序與彙整處理。但仔細觀察程式，就會發現，自①的部分儲存「已篩選完畢的資料 .xlsx」之後，後續存了很多次相同的檔案，也重複開啟了同樣的檔案，而這些步驟都是多餘的，所以似乎可以直接從 owb 活頁簿的 osh 工作表取得資料，再存入以字典為元素的串列。

　　就實務的程式設計工作而言，通常會保留製作到一半的檔案[*]，藉此驗證完成版的程式，但另一方面，也要盡可能避免撰寫不必要的程式。雖然本書只將程式寫到這個地步就畫下休止符，但有機會的話，你不妨試著改良一下這個程式。

---

*　指完成版檔案之前的檔案，例如這次產生的「已篩選完畢的資料 .xlsx」就是這種檔案。

第 6 章

製作 QR 碼，
方便快速瀏覽資訊

　　寫完前述的瑕疵品彙整程式之後，自動化推動室總算能喘口氣。不過，好像又有新的委託案找上門了。

千田岳：業務 1 課的松川先生寄信來，還真是難得，說是「聽
　　　　從本公司顧問中川女史小姐的建議，建制了女性服飾
　　　　穿搭建議網站」，麻美妳知道中川女史顧問嗎？

麻美：知道啊，我還是業務助理時，有上過這位顧問的教育訓
　　　　練課程。她很酷喲，總是穿著讓人耳目一新的天藍色服
　　　　裝，是個看上去很幹練的女性。這封信寫了什麼？

From：業務 1 課　松川

To：自動化推動室　千田

致　自動化推動室　千田岳室長

　　本次業務 1 課在中川女史顧問的建議之下，建制了女性服飾穿搭建議網站。由於打算製作手機版網頁，所以希望能替每項商品製作 QR 碼，方便顧客透過手機快速瀏覽商品的網頁。

　　業務 1 課已於 Excel 工作表貼上每項商品的 URL，希望自動化推動室可以幫忙製作 QR 碼。

　　這些 QR 碼也將於商品標籤印刷。

業務 1 課　課長　松川

千田岳：這項要求剛好可以讓麻美練練功。

看來千田岳這位室長打算將麻美培養成一名程式設計師啊！

千田岳：麻美，妳要不要試著撰寫這個 QR 碼的程式啊？

於是麻美就在千田岳的協助下，挑戰將 Excel 工作表的 URL 轉換成 QR 碼的程式。跟著麻美一起想想，怎麼撰寫這個程式才好。

麻美：千田室長，該從哪裡開始，我完全沒有頭緒。

千田岳：麻美，妳知道什麼是 QR 碼嗎？

麻美：我知道，就是看起來很像小型迷宮的那個，對吧？

千田岳：很像迷宮嗎？妳也應該知道 URL 是什麼吧？

麻美：URL 就是 Universal Resource Locator 的縮寫，也是一種用來說明網路資料或服務這類資源的位置的方法。

千田岳：麻美，妳該不會是把網路上的說明直接念給我聽吧？

麻美：嘿嘿……

千田岳：我們公司的網站替每種商品代碼製作了網頁，所以只
要將這些以 https://www 開始、最後以前 10 位數的商
品代碼結束的 url，轉換成 QR 碼即可。買衣服的顧
客應該是用智慧型手機的應用程式讀取商品標籤上的
QR 碼，再瀏覽商品的網頁。如此一來，就能看到建
議穿搭的圖片或影片了。

麻美：可是我完全不知道該怎麼製作 QR 碼。

千田岳：不用自己製作啊，不是可以使用函式庫嗎？用函式庫
製作就好了。

麻美：對喔！我怎麼會想要自己製作那個像小迷宮的東西啊！

　　如果是聽到 QR 碼後就立刻開始找函式庫的人，一定很熟悉
Python 程式設計。要製作 QR 碼可使用 qrcode 函式庫。
　　qrcode 函式庫可產生 QR 碼的圖片，圖片格式則可選擇 PNG 格
式或 SVG 格式。

PNG 格式與 SVG 格式

　　PNG 格式的圖片是點陣圖（Raster Graphics），也就是利用
許多「點」組成圖表，SVG 則是向量圖（Vector Graphics），是
以數值或公式呈現的圖片，通常會以 XML 語法，撰寫相關的數值與
公式。

21 | qrcode 函式庫的使用方法

qrcode 函式庫是外部函式庫，所以得先利用 pip 命令安裝才能使用（見圖 6-1）。

圖 6-1　於終端機輸入 **pip** 命令安裝

程式的一開始要先利用下列語法載入函式庫：

```
import qrcode
```

qrcode 函式庫會使用圖片處理函式庫 Pillow，所以也要先安裝這個函式庫（見圖 6-2）。

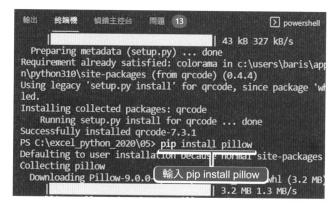

圖 6-2　也要安裝使用 qrcode 所需的 Pillow

　　千田岳：先看看松川先生在信裡附加的 urls.xlsx。從圖 6-3 可
　　　　　　以看到商品代碼在 Excel 工作表裡的格式。先想想這
　　　　　　些 url 最終該轉換成什麼樣的資料。

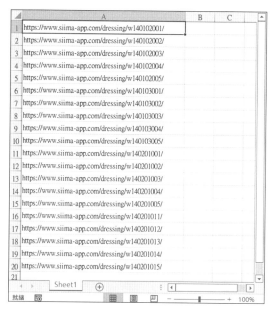

圖 6-3　Excel 工作表有許多依照商品代碼製作的 URL

　　打開 Excel 檔案之後，會發現 URL 是以 https://www.siima-app.com/dressing/ 開始，後面則是商品代碼的前 10 位數數字，最後再加上「/」結尾，這些 URL 則全部放在工作表的 A 欄裡。

　　麻美：如果要在 B 欄儲存每列商品的 QR 碼，是不是要調整列高啊？不然上下的 QR 碼會疊在一起。

　　千田岳：沒錯，麻美妳很懂！

　　麻美：但我不知道該怎麼做……

　　千田岳：麻美，妳先列出需要的功能，再依實際的需求排序這些功能。

在此寫下 QR 碼程式所需的處理， 也可以將處理的順序畫成圖表。

麻美好像列完了,來看看她列了哪些處理。

1. 依序匯入 urls.xlsx 的各列資料,再根據 A 欄的 URL 製作 QR 碼。

2. 將 QR 碼的圖片設定為 png 格式。

3. 將圖檔名稱設定為商品代碼。

4. 將製作完畢的 QR 碼圖片貼在商品代碼右側的 B 欄。

5. 依照 QR 碼圖片的大小調整列高。

6. 儲存貼入 QR 碼圖片的 urls.xlsx。

前述就是這個程式的規格,如此一來,最終完成的檔案應該會與圖 6-4 一樣。

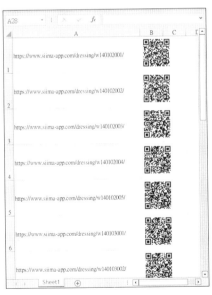

圖 6-4 在 Excel 工作表貼上 QR 碼之後的情況

　　能利用之前學過的內容完成的部分應該是 1. 的「讀取 A 欄 url 字串」以及 3. 的「利用切片從 URL 取得設定為檔案名稱的字串」，還有 6. 的「儲存 urls.xlsx」。

　　2. 的「將 QR 碼的圖片設定為 png 格式」以及 4. 的「將 QR 碼圖片貼在 B 欄」的部分必須知道 qrcode 函式庫的操作方法，以及利用 OpenPyXL 操作圖片的方法，所以就先從 qrcode 函式庫來介紹。

　　利用 qrcode 函式庫製作 QR 碼的流程如下。現在一起思考每個步驟使用的主要方法。

1. 利用 qr = qrcode.QRCode() 建立物件。
2. 利用 qr.add_data(" 資料 ") 的語法將製作 QR 碼的資料新增為物件。
3. 利用 qr.make() 在程式之中製作 QR 碼。
4. 利用 img = qr.make_image() 與剛剛產生的 QR 碼製作成圖片。
5. 利用 img.save(" 檔案名稱 ") 將圖片資料儲存為檔案。

　　接著依序說明這些步驟。第一步要先產生 QRCode 類別的物件，再將物件存入變數，這次使用的變數名稱為 qr；第二步則是利用 add_data 方法存入製作 QR 碼的資料；第三步是利用 make 方法將資料製作成 QR 碼的陣列；第四步是利用 make_image 方法產生圖片；第五步是利用 save 方法將第四步製作的圖片儲存成檔案。

先建立 QR 碼的物件

接下來就從 1. 的建立 QRCode 類別的物件開始介紹。

物件導向程式設計的「類別」就是決定物件規格的東西，相當於物件的設計圖，主要是以屬性與方法組成。

要產生 QRCode 類別的物件時，可以如下指定參數：

```
qr = qrcode.QRCode(
├── version=10,      ……①
├── error_correction=qrcode.constants.ERROR_CORRECT_H,
                                          ……②
├── box_size=2,      ……③
├── border=8        ……④
)
```

①的 version 是設定產生 QR 碼的版本，這個版本的最小值為 1，最大值為 40，每個版本的模組構造是固定的。所謂的模組就是 QR 碼的正方形黑白點，而模組構造則是 QR 碼之中的模組數量。版本 1 的模組構造為 21×21 模組，版本 40 為 177×177 模組，版本的值越高，可容納越多圖片大小與資訊量。

②的 error_correction 則是錯誤修正能力的設定。所謂的錯誤修正能力是指在讀取 QR 碼時，若是有些資料無法正確讀取，也能自動修正為正確資料的能力。

這項設定可指定為下列 4 個常數之一，每個常數都有對應的修正率，而修正率則是依照 L → M → Q → H 的順序越來越高。

```
qrcode.constants.ERROR_CORRECT_L
qrcode.constants.ERROR_CORRECT_M   ……預設值
qrcode.constants.ERROR_CORRECT_Q
qrcode.constants.ERROR_CORRECT_H
```

③的 box_size 是模組（正方形黑白點）的尺寸（像素數）的設定。即使版本相同，也可以利用 box_size 調整產生的圖片大小，預設值為 10。

④的 border 則是外圍留白寬度的設定，預設值為 4，同時也是最小值。

前述的範例將 QR 碼的版本設定為 10，box_size 則從預設值的 10 變更為 2，border 則從預設值的 4 調高為 8，但是將版本往上調，組成 QR 碼的模組就會變多，圖片容量就會變大。若想設定正確的版本，就必須相知道資料的位數與錯誤修正的需求。調降 box_size 之後，可以讓每個模組的尺寸變小。

雖然調高 border 可以調寬外圍的留白，但將 QR 碼貼入 Excel 工作表時，還是要看看一張 A4 紙能排幾個 QR 碼，或是能不能順利用智慧型手機的鏡頭辨識，再決定 QR 碼的外圍留白寬度。建議多試幾次，從過程中找出最佳設定。

尋找與了解新的函式庫

Python 之所以能開發各種程式，全因為有很多外部函式庫（第三方函式庫），但是又該怎麼做才能知道有哪些函式庫？以及哪些函式庫值得信賴呢？

能在此時派上用場的就是 Python Package Index（PyPI）這種外部函式庫的資源庫（https://pypi.org/）。這個資源庫儲存了大量的函式庫，你可以在這個資源庫找找看有沒有需要的函式庫。

例如，以 qrcode 這個關鍵字搜尋，會得到「215 projects for «qrcode»」這類結果（見圖 6-5），代表這個資源庫存有大量的 qr 碼函式庫。順帶一提，如果利用「qr code」這種雙關鍵字搜尋，會發現相關的函式庫超過 1 萬個以上。

圖 6-5　以 qrcode 這個關鍵字在 PyPI 搜尋函式庫

請試著點選搜尋結果裡的 qrcode（現階段為 7.3.1 版）。之後便會開啟說明頁面（見圖 6-6）。

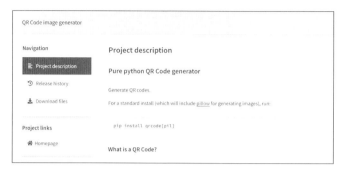

圖 6-6　點選 qrcode 7.3.1，開啟說明頁面

「Project description」是函式庫的概要，但通常得使用看看才知道是否符合需求。

「Release history」則是函式庫是否夠新，是否持續升級的説明，可以參考這裡的説明判斷函式庫是否可以信賴。此外，有些函式庫會有 Stars 欄位，從中可以看到其他程式設計師的評價有幾則。

利用 OpenPyXL 將製作完的圖片貼入 Excel 工作表

到目前為止，已經使用了 qrcode 的 save 方法將 QR 碼儲存成圖片了，所以接下來要將這個 QR 碼載入 Excel 的工作表。這項處理會使用 openpyxl.drawing.image 模組的 Image 類型。

具體來說，就是在產生 Image 物件時，將圖片檔案指定為參數再載入，接著利用工作表物件的 add_image 方法指定做為錨點的上緣與左側的儲存格，就能貼入圖片。

所謂的「錨點」就是「船錨」，不妨將圖片左上角看成「錨」，以及將貼入圖片這件事想像成將船錨放入某個儲存格的過程。

　　本書不會詳細介紹 Image 類別與 add_image 方法，所以請自行調查使用方法，之後再試著撰寫相關的程式。

　　這次的範例檔是 urls.xlsx，而這個範例檔放在 06 資料夾的 data 資料夾之中，請試著利用這個檔案產生 QR 碼。如果能順利產生 QR 碼，那就是「正確解答」。

　　請試著挑戰看看，當做是開發工作自動化程式的練習。

22 | 利用範例檔驗證答案

　　如果自行開發的程式無法順利執行，終端機通常會顯示錯誤訊息，你可以直接將這類錯誤訊息貼上網路，搜尋這類錯誤訊息的意思。錯誤訊息會說明哪一行程式碼出錯，所以應該會知道該修正哪一行程式碼才對。

　　假設看了錯誤訊息也不知道哪裡出錯，或是程式寫到一半不知道該怎麼繼續寫下去，可參考本書介紹的 QR 碼產生程式「make_qrcode.py」。這個程式的前提是 urls.xlsx 放在 data 資料夾，程式位於與 data 資料夾同層級的 prg 資料夾，QR 碼的設定（建立 QRCode 類別的物件）也比前文說明的範例更加簡單。

```
1    import qrcode
2    import openpyxl
3    from openpyxl.drawing.image import Image
4
5    wb = openpyxl.load_workbook(r"..\data\urls.xlsx")
6    sh = wb.active
7    for row in range(1, sh.max_row + 1):
8        qr = qrcode.QRCode(
9            box_size=2
```

```
10 ├──→ )
11 ├──→ qr.add_data(sh["A" + str(row)].value)
12 ├──→ qr.make()
13 ├──→ img = qr.make_image()
14 ├──→ file_name = r"..\data\{}.png".format(sh["A" + str(row)].
                                                    value[35:45])
15 ├──→ img.save(file_name)
16 ├──→ img_b = Image(file_name)
17 ├──→ sh.add_image(img_b,"B"+str(row))
18 ├──→ sh.row_dimensions[row].height = img_b.height* 0.8
19 ├──→
20 ├──→ wb.save(r"..\data\urls.xlsx")
```

程式碼 6-1　**QR 碼產生程式的範例（make_qrcode.py）**

　　接著依序說明程式碼 6-1。首先是先載入於本章安裝的 qrcode 函式庫（第 1 行程式碼）。接著是載入 openpyxl。為了能快速使用 openpyxl 的 Image 類別，才利用第 3 行程式碼：

```
from openpyxl.drawing.image import Image
```

　　從 openpyxl.drawing.image 模組另行單獨載入 Image 類別。

　　接下來要一邊說明後續的程式碼，一邊幫你複習之前的內容。

　　利用第 5 行的 load_workbook 方法載入 data 目錄裡 urls.xlsx 之後，再利用 wb.active 選取工作表（第 6 行程式碼）。之所以不需要特別指定工作表，是因為 urls.xlsx 只有 1 張工作表，開啟這個活頁簿就會自動選取這張工作表。

第 7 行的 for in 與 range 函式的組合可操作這張工作表所有儲存了值的列。將 range 函式的參數設定為：

```
1, sh.max_row + 1
```

就能將第 1 列到最後一列設定為處理的對象。如果設定成：

```
1, sh.max_row
```

就無法處理最後一列的資料。

進入迴圈後，先利用第 8 行的程式產生 QRCode 類別的物件，再將物件存入變數 qr，同時在此時將參數 box_size 指定為 2，讓 QR 碼縮小。之所以指定為 2，是在不斷執行程式後才找到的理想值。

實際撰寫程式時，通常需要像這樣調整參數的值，直到找出理想值為止。

接著，利用第 11 行程式碼：

```
qr.add_data(sh["A" + str(row)].value)
```

將正在處理的列的 url 當成產生 QR 碼的資料，傳遞給第 8 行程式碼產生的 QR 碼物件，接著再對這個物件執行 qr.make()（第 12 行程式碼）。

如此一來，就能將剛剛傳遞給物件的資料（也就是 URL）製作成 QR 碼的陣列。再利用第 13 行的 qr.make_image() 將 QR 碼的陣列存入變數 img，藉此產生 QR 碼的影像（圖片檔）。

或許你會覺得第 14 行的程式碼有點難。

```
file_name = r"..\data\{}.png".format(sh["A"+str(row)].value
                                        [35:45])
```

其實這是在將 QR 碼的影像儲存為圖片檔時，用來產生檔案名稱的程式碼。這個檔案名稱會存入變數 file_name。下列的敘述：

```
r"..\data\{}.png"
```

是以相對路徑設定儲存圖片檔的資料夾，檔案名稱則是以置換欄位 {} 撰寫，然後副檔名則設定為 png。

檔案名稱的字串是利用 format 方法從工作表的 URL 取得的 10 位數商品代碼。以 urls.xlsx 的第 1 列為例，進一步說明第 14 行程式碼的 .format。

若將 URL 字串的開頭視為第 0 個字元，那麼代表商品代表第 1 個字元的 w 就會是第 35 個字元。商品代碼結尾的 / 是第 45 個字元。此時使用的功能是第 3 章介紹的切片功能。擷取至第 45 個字元的前 1 個字元，就能取得 10 位數的商品代碼，也就能將這個商品代碼當成檔案名稱使用。

將相對路徑＋檔案名稱＋副檔名的字串代入 file_name 之後，就能將這個變數當成 save 方法的參數，將 QR 碼的影像儲存為圖片檔（第 15 行程式碼）。

如此一來，就會陸續在 data 目錄產生多個 png 檔案（見圖 6-7）。

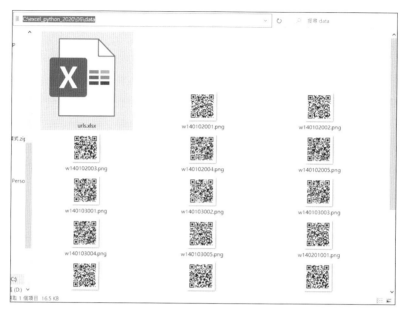

圖 6-7　**data** 目錄陸續新增了多個 **png** 檔案

將圖片檔插入工作表

　　將 QR 碼影像儲存為 png 檔案之後，就要將這些圖片檔插入工作表，也就是第 16 ～ 18 行的程式碼。

　　產生第 16 行程式碼的 openpyxl.drawing.image 模組的 Image 類別的物件時，會將剛剛產生的圖片檔指定參數，並指定為物件變數 img_b。

　　接著，將物件變數 img_b 指定為工作表物件 add_image 方法的參數，再將設定載入位置的 B 欄與列編號（例如「B1」）指定給前述的 add_image 方法，就能將 img_b 的圖片貼入工作表。

貼完所有圖片之後，要開始調整列高。第 18 行的程式碼：

```
row_dimensions[row].height
```

是剛剛貼入圖片的列（也就是變數 row）的列高屬性。因此將這個屬性放在等號左側，再代入下列這行程式的值：

```
img_b.height * 0.8
```

img_b.height 可以取得圖片的高度，但是圖片高度與列高的單位不同，所以才乘上係數（0.8）調整。這個係數也是在不斷調整之下找到的理想值。

最後，用 save 方法將 wb 物件儲存為 Excel 檔案（第 20 列）。加上 r 是為了讓後續的字串轉換成 raw 字串，也就是將這些字串當成一般的字元，而不是跳脫字元。你應該還記得這個處理吧？

∙∙∙

麻美似乎在千田岳的建議下，完成了 QR 碼產生程式。

千田岳：麻美，妳果然沒問題！妳做得真好！

麻美：多虧千田室長一步步帶著我做才能完成的，我一個人應該做不到，老實說，我真的對自己沒什麼信心啊！

千田岳：我被任命為自動化推動室的室長時，也曾抱怨過「我
　　　　當得了室長嗎？」不過椎間社長對我說：「人被逼到
　　　　絕境的時候，才會發揮潛力。」

麻美：這很像是老電影才會出現的台詞，但我也只能做做看了。

千田岳：對啊！加油，麻美！

采實文化　翻轉學

本書從基礎入門到活用，
教你用 Python 寫程式，
有效處理 Excel 資料，
輕鬆學會安裝外部函式庫
「OpenPyXL」和常見語法，
並將篩選後的資料重新排序，
以便彙整、加總……
此外，還附有免費的範例程式，
讓你邊學邊操作，加強學習成果！

https://bit.ly/37oKZEa

立即掃描 QR Code 或輸入上方網址，
連結采實文化線上讀者回函，
歡迎跟我們分享本書的任何心得與建議。
未來會不定期寄送書訊、活動消息，
並有機會免費參加抽獎活動。采實文化感謝您的支持 ☺

翻轉學　翻轉學系列 098

【圖解】從入門到精通 Excel×Python 資料處理術

搭配工作實務場景，輕鬆學會除錯、擷取、排序、彙整指定數據，
製作 QR 碼也沒問題

もっとラクに！もっと速く！Excel × Python データ処理自由自在

作　　　　　者	金宏和實	
譯　　　　　者	許郁文	
封　面　設　計	張天薪	
內　文　排　版	黃雅芬	
責　任　編　輯	袁于善	
特　約　編　輯	許景理	
行　銷　企　劃	陳豫萱・陳可錞	
出版二部總編輯	林俊安	

出　　版　　者	采實文化事業股份有限公司
業　務　發　行	張世明・林踏欣・林坤蓉・王貞玉
國　際　版　權	鄒欣穎・施維真
印　務　採　購	曾玉霞・謝素琴
會　計　行　政	李韶婉・許俶瑀・張婕莛
法　律　顧　問	第一國際法律事務所　余淑杏律師
電　子　信　箱	acme@acmebook.com.tw
采　實　官　網	www.acmebook.com.tw
采　實　臉　書	www.facebook.com/acmebook01

I　S　B　N	978-626-349-029-1
定　　　　　價	500 元
初　版　一　刷	2022 年 11 月
劃　撥　帳　號	50148859
劃　撥　戶　名	采實文化事業股份有限公司
	104 台北市中山區南京東路二段 95 號 9 樓
	電話：(02)2511-9798　傳真：(02)2571-3298

國家圖書館出版品預行編目資料

【圖解】從入門到精通Excel×Python 資料處理術：搭配工作實務場景，輕鬆學會
除錯、擷取、排序、彙整指定數據，製作QR 碼也沒問題/ 金宏和實著；許郁文譯. –
台北市：采實文化，2022.11
304 面；17×21.5 公分 .--（翻轉學系列；98）
譯自：もっとラクに！もっと速く！Excel × Python データ処理自由自在
ISBN 978-626-349-029-1（平裝）

1. CST: Python（電腦程式語言）2. CST: EXCEL（電腦程式）

312.32P97　　　　　　　　　　　　　　　　　　　　　111015915

翻轉學

翻轉學